Die neue Elektrosicherheitsmappe

Gebrauchsfertige Arbeitshilfen, Vorlagen und
Prüfformulare für Elektrosicherheitsverantwortliche

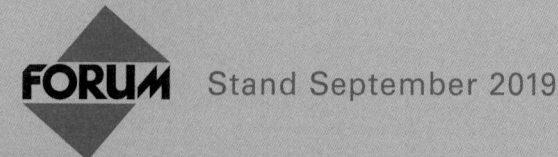 Stand September 2019

PFLICHTENÜBERTRAGUNG

Übertragung von Unternehmerpflichten für den elektrotechnischen Betriebsteil

Firma und Stempel

Verpflichtete/-r: _____ **Auftraggeber:** _____

Name: _____ Name: _____

Straße: _____ Straße: _____

PLZ/Ort: _____ PLZ/Ort: _____

Pflichtenübertragung

nach DGUV Vorschrift 1 (Kapitel 2) § 13 i. V. m. § 3 der DGUV Vorschrift 3 bzw. 4 sowie § 15 Abs. 1 SGB VII, § 9 OWiG, § 3 Abs. 1 und 2 ArbSchG

Frau/Herrn _____ werden für den Betrieb/die Abteilung*) _____ der Firma _____ die dem Unternehmer hinsichtlich des Arbeitsschutzes und der Verhütung von Arbeitsunfällen, Berufskrankheiten und arbeitsbedingten Gesundheitsgefahren obliegenden Pflichten im elektrotechnischen Bereich übertragen.

Sie/Er hat in eigener Fachverantwortung/als verantwortliche Elektrofachkraft*) gemäß VDE 1000 Teil 10 den elektrotechnischen Betrieb unter Beachtung der Unfallverhütungsvorschrift DGUV Vorschrift 3 bzw. 4 zu führen.

Auszuführende Aufgabenbereiche sind:
(Zutreffendes bitte ankreuzen)
☐ Leitung und Aufsicht der Mitarbeiter
☐ Planung/Projektierung von elektrischen Anlagen
☐ Errichtung von elektrischen Anlagen
☐ Prüfung der elektrischen Anlage und Betriebsmittel
☐ Betrieb der elektrischen Anlage*)
☐ Instandhaltung der elektrischen Anlage und Betriebsmittel
☐ evtl. weitere betriebsspezifische Angaben zu den Aufgabenbereichen:
_____

Die/Der Verpflichtete unterliegt hinsichtlich der Einhaltung von elektrotechnischen Sicherheitsfestlegungen im Unternehmen keinen Weisungen gegenüber Personen, die nicht nach o. a. Regelwerk als verantwortliche Elektrofachkraft gelten.

_____ _____
(Ort) (Datum)

_____ _____
(Unterschrift des Unternehmers) (Unterschrift der/des Verpflichteten)

*) Nichtzutreffendes bitte streichen

Vor der Unterzeichnung beachten!

§ 15 Siebtes Buch Sozialgesetzbuch (SGB VII)

(1) Die Unfallversicherungsträger können unter Mitwirkung der Deutschen Gesetzlichen Unfallversicherung e. V. als autonomes Recht Unfallverhütungsvorschriften über Maßnahmen zur Verhütung von Arbeitsunfällen, Berufskrankheiten und arbeitsbedingten Gesundheitsgefahren oder für eine wirksame Erste Hilfe erlassen, soweit dies zur Prävention geeignet und erforderlich ist und staatliche Arbeitsschutzvorschriften hierüber keine Regelung treffen; in diesem Rahmen können Unfallverhütungsvorschriften erlassen werden über
   1. Einrichtungen, Anordnungen und Maßnahmen, welche die Unternehmer zur Verhütung von Arbeitsunfällen, Berufskrankheiten und arbeitsbedingten Gesundheitsgefahren zu treffen haben, sowie die Form der Übertragung dieser Aufgaben auf andere Personen,
   2. das Verhalten der Versicherten zur Verhütung von Arbeitsunfällen, Berufskrankheiten und arbeitsbedingten Gesundheitsgefahren,
   [...]

§ 9 Gesetz über Ordnungswidrigkeiten (OWiG)

I. Handelt jemand
   1. als vertretungsberechtigtes Organ einer juristischen Person oder als Mitglied eines solchen Organs,
   2. als vertretungsberechtigter Gesellschafter einer Personenhandelsgesellschaft oder
   3. als gesetzlicher Vertreter eines anderen,
   so ist ein Gesetz, nach dem besondere persönliche Eigenschaften, Verhältnisse oder Umstände (besondere persönliche Merkmale) die Möglichkeit der Ahndung begründen, auch auf den Vertreter anzuwenden, wenn diese Merkmale zwar nicht bei ihm, aber bei dem Vertretenen vorliegen.

II. Ist jemand von dem Inhaber eines Betriebes oder einem sonst dazu Befugten
   1. beauftragt, den Betrieb ganz oder zum Teil zu leiten, oder
   2. ausdrücklich beauftragt, in eigener Verantwortung Aufgaben wahrzunehmen, die dem Inhaber des Betriebes obliegen,
   und handelt er aufgrund dieses Auftrages, so ist ein Gesetz, nach dem besondere persönliche Merkmale die Möglichkeit der Ahndung begründen, auch auf den Beauftragten anzuwenden, wenn diese Merkmale zwar nicht bei ihm, aber bei dem Inhaber des Betriebes vorliegen. Dem Betrieb im Sinne des Satzes 1 steht das Unternehmen gleich. Handelt jemand aufgrund eines entsprechenden Auftrages für eine Stelle, die Aufgaben der öffentlichen Verwaltung wahrnimmt, so ist Satz 1 sinngemäß anzuwenden.

III. Die Absätze 1 und 2 sind auch dann anzuwenden, wenn die Rechtshandlung, welche die Vertretungsbefugnis oder das Auftragsverhältnis begründen sollte, unwirksam ist.

§ 3 Arbeitsschutzgesetz (ArbSchG)

(1) Der Arbeitgeber ist verpflichtet, die erforderlichen Maßnahmen des Arbeitsschutzes unter Berücksichtigung der Umstände zu treffen, die Sicherheit und Gesundheit der Beschäftigten bei der Arbeit beeinflussen. Er hat die Maßnahmen auf ihre Wirksamkeit zu überprüfen und erforderlichenfalls sich ändernden Gegebenheiten anzupassen. Dabei hat er eine Verbesserung von Sicherheit und Gesundheitsschutz der Beschäftigten anzustreben.

(2) Zur Planung und Durchführung der Maßnahmen nach Absatz 1 hat der Arbeitgeber unter Berücksichtigung der Art der Tätigkeiten und der Zahl der Beschäftigten
   1. für eine geeignete Organisation zu sorgen und die erforderlichen Mittel bereitzustellen sowie
   2. Vorkehrungen zu treffen, dass die Maßnahmen erforderlichenfalls bei allen Tätigkeiten und eingebunden in die betrieblichen Führungsstrukturen beachtet werden und die Beschäftigten ihren Mitwirkungspflichten nachkommen können.

Übertragung der Fach- und Führungsverantwortung gegenüber elektrotechnisch unterwiesene Personen

Für den Einsatz elektrotechnisch unterwiesener Personen ist es erforderlich, dass eine Elektrofachkraft (bzw. eine zur Prüfung befähigte Person i. S. d. Betriebssicherheitsverordnung) gegenüber diesen Personen die für die sach- und sicherheitsgerechte Durchführbarkeit der Aufgaben notwendige Leitung und Aufsicht wahrnimmt.

Leitung und Aufsicht durch eine Elektrofachkraft/zur Prüfung befähigte Person umfasst in diesen Fällen alle Tätigkeiten, die erforderlich sind, damit Arbeiten an Anlagen und Arbeitsmitteln von Personen, die nicht die Kenntnisse und Erfahrungen einer Elektrofachkraft/zur Prüfung befähigten Person haben, sachgerecht und sicher durchgeführt werden können.

Diese Tätigkeiten sind in den jeweiligen Bestellungsurkunden jeder elektrotechnisch unterwiesenen Person aufgeführt.

Die Forderung „unter Leitung und Aufsicht" einer Elektrofachkraft/zur Prüfung befähigten Person bedeutet somit die Wahrnehmung von Führungs- und Fachverantwortung, zu denen insbesondere folgende Aufgaben zählen:

☐ das Überwachen der ordnungsgemäßen Errichtung, Änderung und Instandhaltung von Anlagen und Arbeitsmitteln
☐ das Anordnen, Durchführen und Kontrollieren der zur jeweiligen Arbeit erforderlichen Sicherheitsmaßnahmen einschließlich des Bereitstellens von Sicherheitseinrichtungen
☐ das Unterrichten elektrotechnisch unterwiesener Personen
☐ das Unterweisen von fachfremden Personen über das sicherheitsgerechte Verhalten, erforderlichenfalls das Einweisen dieser Personen
☐ das Überwachen, erforderlichenfalls das Beaufsichtigen der Arbeiten und der Arbeitskräfte, z. B. bei nichttechnischen Arbeiten in gefahrenträchtigen Bereichen oder in deren Nähe

Zur Erfüllung dieser notwendigen Vorbedingungen wird Frau/Herr _____ ,

geb. am _____ in _____ ,

Personal-Nr. _____

hiermit mit sofortiger Wirkung die Fach- und Führungsverantwortung gegenüber den nachfolgend aufgeführten elektrotechnisch unterwiesenen Personen übertragen:

Frau/Herr _____ , Abteilung: _____ ,
Rufnummer: _____

Frau/Herr _____ , Abteilung: _____ ,
Rufnummer: _____

Frau/Herr _____ , Abteilung: _____ ,
Rufnummer: _____

Frau/Herr _____ , Abteilung: _____ ,
Rufnummer: _____

Frau/Herr _____ , Abteilung: _____ ,
Rufnummer: _____

Frau/Herr _____ , Abteilung: _____ ,
Rufnummer: _____

Die sich aus dieser Aufgabenübertragung ergebenden Aufgaben und Befugnisse sowie die hierzu im Kontext stehenden rechtlichen Rahmenbedingungen sind in der Anlage aufgeführt.

Durch Ihre Unterschrift bestätigen Sie, dass Sie die Ihnen übertragenen Aufgaben und Befugnisse sowie die rechtlichen Rahmenbedingungen verstanden haben und die übertragenen Aufgaben dementsprechend ordnungsgemäß in eigener Verantwortung ausführen können und werden.

Des Weiteren bestätigen Sie, dass Sie über die notwendigen fachlichen Kenntnisse und Erfahrungen gem. § 3 Abs. 1 der DGUV Vorschrift 3 bzw. 4 oder gem. § 2 Abs. 6 der Betriebssicherheitsverordnung verfügen, um die vorgenannten Personen durch Anleitung bzw. Einweisung in die Lage zu versetzen, die jeweils vorgesehenen Arbeiten sicher und fachgerecht ausführen zu können.

Für den Erhalt Ihrer Kenntnis der aktuellen Vorschriften und Normen wird Ihnen in Absprache mit Ihrem betrieblichen Vorgesetzten die regelmäßige Teilnahme an Weiterbildungsveranstaltungen ermöglicht.

Als Elektrofachkraft/zur Prüfung befähigte Person unterliegen Sie gem. § 13 i. V. m. § 15 Abs. 1 Satz 4 der DGUV Vorschrift 1 „Grundsätze der Prävention" bzw. § 14 Abs. 6 BetrSichV bei Ihrer Tätigkeit keinen fachlichen Weisungen und dürfen wegen dieser Tätigkeit auch nicht benachteiligt werden.

Eine Kopie dieser Bestellung wird Ihnen ausgehändigt.

Für Ihre Tätigkeit wünschen wir Ihnen viel Erfolg.

_____ _____
(Ort)   (Datum)

_____ _____
(Unterschrift Geschäftsleitung)   (Elektrofachkraft/zur Prüfung befähigte Person)

_____
(Unterschrift der disziplinarisch vorgesetzten Führungskraft)

Nachweis der fachlichen Qualifikation:

Frau/Herr _____ hat eine Berufsausbildung zur/zum _____ im Jahre _____
absolviert und führt seit _____ Jahren insbesondere folgende Aufgaben aus:

☐ _____ ☐ _____
☐ _____ ☐ _____

Für den notwendigen Erhalt der theoretischen Fachkunde hat Frau/Herr _____ folgende Veranstaltungen besucht:

☐ _____ ☐ _____
☐ _____ ☐ _____

Ihre Aufgaben:

Die Übertragung der Fach- und Führungsverantwortung gegenüber den elektrotechnisch unterwiesenen Personen umfasst im Wesentlichen folgende Aufgaben
(Zutreffendes bitte ankreuzen):

☐ Auswahl fachlich und persönlich geeigneter Personen, die zu elektrotechnisch unterwiesenen Personen qualifiziert werden sollen
☐ Durchführung der notwendigen Unterweisungen in Theorie und Praxis
☐ individuelle Festlegung des jeweiligen Tätigkeitsgebietes jeder unterstellten elektrotechnisch unterwiesenen Person auf sicher und fachgerecht durchführbare Arbeiten
☐ ggf. Durchführung von unangemeldeten Kontrollen auf Einhaltung der gegebenen Anweisungen sowie ordnungsgemäßer Durchführung der Arbeiten
☐ ggf. Beaufsichtigung der Arbeiten
☐ Auswahl und Bereitstellung notwendiger Werkzeuge, Schutzausrüstungen und anderer zur sicheren Durchführung der Arbeiten notwendiger Materialien in Absprache mit der disziplinarisch vorgesetzten Führungskraft/der die Mittel verwaltenden Stelle
☐ Schaffung aller sonstigen Voraussetzungen zur Gewährleistung sicherer Arbeitsbedingungen für die unterstellten elektrotechnisch unterwiesenen Personen
☐ Sonstiges _____
_____
_____
_____
_____

Befugnisse:

Zur Wahrnehmung der Fach- und Führungsverantwortung gegenüber den unterstellten elektrotechnisch unterwiesenen Personen werden Frau/Herrn _____ folgende Befugnisse übertragen:

Fachliche Weisungsbefugnis

Die Elektrofachkraft/zur Prüfung befähigte Person hat die Befugnis, Arbeits- und Aufgabengebiete der unterstellten elektrotechnisch unterwiesenen Personen entsprechend den jeweiligen persönlichen Voraussetzungen (Kenntnisse und Erfahrungen, körperliche Eignung, Zuverlässigkeit etc.) auf das sicher beherrschbare Maß individuell festzulegen. Dies beinhaltet auch das Recht, fachlich und/oder persönlich ungeeigneten Personen die Durchführung von Arbeiten zu untersagen, das Recht auf Verweigerung bzw. Beendigung der Arbeiten, wenn die für die sichere Durchführbarkeit der Arbeiten notwendigen Rahmenbedingungen nicht gegeben sind, die Durchführung der Tätigkeiten mit einer Überschreitung der eigenen Kompetenzen oder Befugnisse verbunden ist oder wenn die für die Durchführung der Arbeiten notwendigen Kenntnisse oder Erfahrungen nicht vorhanden sind. Dies betrifft sowohl die eigene Tätigkeit als Elektrofachkraft/zur Prüfung befähigte Person als auch die durch unterstellte elektrotechnisch unterwiesene Personen durchgeführten Arbeiten.

Hinsichtlich der Wahrnehmung der Leitung und Aufsicht gegenüber elektrotechnisch unterwiesenen Personen wird das Recht eingeräumt, die erforderlichen Maßnahmen (örtliche Kontrolle, Unterweisung, Anweisung) im eigenen Ermessen durchzuführen.

Für die Wahrnehmung der Aufgaben wird ein Budget von _____ Euro zur Verfügung gestellt.

Aufklärung über rechtliche und sonstige Konsequenzen:

Die Elektrofachkraft/zur Prüfung befähigte Person trägt im Rahmen ihrer Bestellung die fachliche Verantwortung für die ordnungsgemäße Durchführung der von den unterstellten elektrotechnisch unterwiesenen Personen ausgeführten Arbeiten. Sie hat deshalb diese Personen angemessen zu unterweisen und durch die unter „Ihre Aufgaben" genannten Maßnahmen zu gewährleisten, dass die unterstellten elektrotechnisch unterwiesenen Personen ihre Arbeiten sicher und fachgerecht ausführen können.

Die jeweils zuständige Führungskraft hat in ihrem Verantwortungsbereich zu gewährleisten, dass alle gemeinsam mit der Elektrofachkraft/zur Prüfung befähigten Person abgestimmten Sicherheitsmaßnahmen (z. B. Stromabschaltungen, Zugangsbeschränkungen, Außerbetriebnahmen etc.) berücksichtigt und eingehalten werden. Ist dies nicht der Fall, können weder der Elektrofachkraft/zur Prüfung befähigten Person noch der jeweils betroffenen elektrotechnisch unterwiesenen Person rechtliche Konsequenzen entstehen, wenn Dritte vorsätzlich die abgestimmten Schutzmaßnahmen aufheben oder unbefugte Eingriffe vornehmen.

Kann die Elektrofachkraft/zur Prüfung befähigte Person ihre Aufgaben nicht in der vorgesehenen Art und Weise durchführen, so hat sie unverzüglich die für den jeweiligen Arbeitsbereich verantwortliche Führungskraft sowie die ihr selbst disziplinarisch vorgesetzte Führungskraft zu informieren.

Über ggf. wirksam werdende rechtliche und sonstige Konsequenzen bei einer nicht ordnungsgemäßen Wahrnehmung der übertragenen Aufgaben wurde die bestellte Elektrofachkraft/zur Prüfung befähigte Person informiert.

Es wurde durch die Unternehmensleitung ☐ überprüft bzw. ☐ sichergestellt, dass sich die Betriebshaftpflichtversicherung auch auf die Tätigkeit der Elektrofachkraft/zur Prüfung befähigten Person erstreckt.

Begangene Ordnungswidrigkeiten können mit bis zu 5.000 Euro, bei Verstößen gegen Anordnungen von zuständigen Behörden mit bis zu 25.000 Euro geahndet werden (§ 22 BetrSichV i. V. m. § 25 ArbSchG bzw. i. V. m. § 39 Abs. 1 Nr. 7 Buchstabe a ProdSichG, § 209 SGB VII).

Vorsätzlich wiederholt begangene Ordnungswidrigkeiten oder die Gefährdung fremder Sachen von bedeutendem Wert können mit Freiheitsstrafen bis zu einem Jahr oder Geldstrafe geahndet werden (§ 23 Abs. 2 BetrSichV i. V. m. § 40 ProdSichG).

Die Gefährdung von Leben oder Gesundheit eines Beschäftigten durch eine vorsätzlich begangene Ordnungswidrigkeit kann mit Freiheitsstrafen bis zu einem Jahr oder Geldstrafe geahndet werden (§ 23 Abs. 1 BetrSichV i. V. m. § 26 Nr. 2 ArbSchG).

Eine fahrlässige Körperverletzung kann mit Freiheitsstrafen bis zu drei Jahren oder Geldstrafe geahndet werden (§ 229 StGB).

Eine fahrlässige Tötung kann mit Freiheitsstrafen bis zu fünf Jahren oder Geldstrafe geahndet werden (§ 222 StGB).

Schäden durch Vorsatz oder grobe Fahrlässigkeit können Erstattungsansprüche bis zur Höhe des zivilrechtlichen Schadensersatzanspruchs nach sich ziehen (§ 110 SGB VII, § 116 SGB X).

Rechtliche Rahmenbedingungen für die Übertragung von Unternehmerpflichten:

§ 9 Gesetz über Ordnungswidrigkeiten „Handeln für einen anderen"
§ 13 Arbeitsschutzgesetz „Verantwortliche Personen"
§ 15 Abs. 1 Siebtes Buch Sozialgesetzbuch „Unfallverhütungsvorschriften"
§ 13 DGUV Vorschrift 1 „Grundsätze der Prävention"
§ 3 Abs. 1 DGUV Vorschrift 3 bzw. 4 „Elektrische Anlagen und Betriebsmittel"

Nachweis der Wahrnehmung der Leitung und Aufsichtsführung gemäß der DGUV Vorschrift 3 bzw. 4 „Elektrische Anlagen und Betriebsmittel"

Elektrofachkraft: _____

Name: _____

Straße: _____

PLZ/Ort: _____

Auftraggeber: _____

Name: _____

Straße: _____

PLZ/Ort: _____

Herr/Frau _____, Abteilung _____ ist als Elektrofachkraft mit der Wahrnehmung der Leitungs- und Aufsichtsaufgaben für Elektrofachkräfte gemäß der DGUV Vorschrift 3 bzw. 4 „Elektrische Anlagen und Betriebsmittel" für die nachstehende(n) elektrotechnisch unterwiesene(n) Person(en) betraut:

Name, Vorname	Abteilung	Unterschrift/Kürzel
_____	_____	_____
_____	_____	_____
_____	_____	_____

Den sich hieraus ergebenden Verpflichtungen zur Kontrolle des sicherheitsgerechten Verhaltens sowie der ordnungsgemäßen Durchführung der Arbeiten ist Herr /Frau _____ wie nachstehend dokumentiert nachgekommen:

Datum	Ort	Zeitraum (von – bis)
_____	_____	_____

Elektrotechnisch unterwiesene Person: _____

Tätigkeit der elektrotechnisch unterwiesenen Person zum Zeitpunkt der Kontrolle: Ja Nein Entf.
- Sicherheitsmaßnahmen waren bekannt und wurden eingehalten. ☐ ☐ ☐
- Inhalte der Unterweisung waren bekannt (Prüffragen siehe „Bemerkungen"). ☐ ☐ ☐
- Sicherheitseinrichtungen waren vorhanden und wurden verwendet. ☐ ☐ ☐
- Arbeiten wurden den Weisungen entsprechend ordnungsgemäß durchgeführt. ☐ ☐ ☐
- Unterweisung/Einweisung wurde durchgeführt (siehe „Bemerkungen"). ☐ ☐ ☐
- Anordnung wurde getroffen (siehe „Bemerkungen"). ☐ ☐ ☐
- _____ ☐ ☐ ☐
- _____ ☐ ☐ ☐
- _____ ☐ ☐ ☐

Bemerkungen: _____

_____
(Unterschrift der elektrotechnisch unterwiesenen Person)

_____
(Unterschrift der mit der Leitung und Aufsichtsführung beauftragten Elektrofachkraft)

© FORUM VERLAG HERKERT GMBH
09/19

BESTELLUNGSURKUNDEN

Bestellung und Pflichtenübertragung
Verantwortliche Elektrofachkraft (vEFK)

Firma und Stempel

Verantwortliche Elektrofachkraft: _____ **Auftraggeber:** _____

Name: _____ Name: _____

Straße: _____ Straße: _____

PLZ/Ort: _____ PLZ/Ort: _____

Gemäß § 13 Abs. 1 Nr. 5 und Abs. 2 ArbSchG, § 13 DGUV Vorschrift 1, § 3 Abs. 1 DGUV Vorschrift 3 bzw. 4 und DIN VDE 1000-10 wird

Frau/Herr _____, geb. am _____ in _____,

Personal-Nr. _____,

mit Wirkung vom _____, zzt. im Unternehmen beschäftigt als _____, zur

verantwortlichen Elektrofachkraft (vEFK)

bestellt.

Die Bestellung erstreckt sich auf folgenden Arbeitsbereich:
_____

Ihre/Seine Befähigung und umfassenden Kenntnisse zur Wahrnehmung der Aufgaben sind durch ihre/seine
- Qualifikation als _____,
- Tätigkeit als/Tätigkeit im Betriebsbereich _____,
- langjährige Berufserfahrung im oben genannten Bereich (_____ Jahre) und

im Ergebnis der bewerteten Aussprache mit der Leitung der Abteilung _____,
Frau/Herrn _____, sowie im Beisein der Fachkraft für Arbeitssicherheit,
Frau/Herrn _____, ausreichend erwiesen.

Die sich aus dieser Bestellung ergebenden Aufgaben, Befugnisse und Kompetenzen sowie die im Kontext zu dieser Bestellung stehenden rechtlichen Rahmenbedingungen sind in der Anlage zu dieser Bestellung aufgeführt.

Frau/Herr _____ ist im Rahmen des zugewiesenen Aufgaben- und Kompetenzbereichs (siehe Anlage) für alle notwendigen Entscheidungen über die elektrotechnische Sicherheit der Anlagen und Betriebsmittel verantwortlich und hat auch die dem Unternehmer obliegenden Pflichten im Hinblick auf den Arbeits- und Gesundheitsschutz in eigener Verantwortung zu erfüllen.

Ist im Zusammenhang mit der Erfüllung der Unternehmerpflichten eine Geldausgabe verbunden, ist
(Zutreffendes bitte ankreuzen)
☐ der Entscheidungsspielraum unbegrenzt.
☐ der Entscheidungsspielraum auf einen Betrag von _____ Euro begrenzt und darf bis zu einer Höhe von _____ Euro überschritten werden, wenn die Entscheidung der Abwehr von unmittelbar drohenden Gefahren dient.
☐ die Entscheidung durch die Unternehmensleitung/übergeordnete Führungskraft herbeizuführen.

Bei der Erfüllung ihrer/seiner Aufgaben ist Frau/Herr _____ als verantwortliche Elektrofachkraft hinsichtlich der Erfüllung ihrer/seiner Aufgaben fachlich weisungsfrei.

Für den Erhalt Ihrer Kenntnis der aktuellen Vorschriften und Normen wird Ihnen in Absprache mit Ihrem betrieblichen Vorgesetzten die regelmäßige Teilnahme an Weiterbildungsveranstaltungen sowie der Zugang zu fachlichen Informationsquellen ermöglicht.

Durch Ihre Unterschrift bestätigen Sie, dass Sie über die notwendigen fachlichen Kenntnisse und Erfahrungen für die Ihnen übertragenen Aufgaben und Befugnisse verfügen (siehe Anlage), dass Sie die Ihnen übertragenen Aufgaben und Befugnisse sowie die rechtlichen Rahmenbedingungen verstanden haben und dass Sie die übertragenen Aufgaben dementsprechend ordnungsgemäß in eigener Verantwortung ausführen können und werden.

Die Bestellung gilt bis auf Widerruf, längstens jedoch für die Dauer des bestehenden Arbeitsverhältnisses. Eine Kopie dieser Bestellung wird Ihnen ausgehändigt.

Für Ihre Tätigkeit als verantwortliche Elektrofachkraft wünschen wir Ihnen viel Erfolg.

_____
(Ort)

_____
(Datum)

_____
(Unterschrift der Unternehmensleitung)

_____
(Unterschrift der disziplinarisch vorgesetzten Führungskraft)

_____
(Unterschrift der verantwortlichen Elektrofachkraft)

Anlage I zur Bestellungsurkunde für die verantwortliche Elektrofachkraft

Nachweis der fachlichen Qualifikation der verantwortlichen Elektrofachkraft:

Frau/Herr _____ hat eine Berufsausbildung zur/zum _____ im Jahre _____ absolviert und führt seit _____ Jahren insbesondere folgende Aufgaben aus:

- _____
- _____
- _____
- _____

Für den notwendigen Erhalt der theoretischen Fachkunde hat Frau/Herr _____
folgende Veranstaltungen besucht bzw. sich in anderer Form qualifiziert (bitte näher beschreiben):

- _____
- _____
- _____
- _____

Aufgaben der verantwortlichen Elektrofachkraft:

Die Bestellung zur verantwortlichen Elektrofachkraft umfasst im Wesentlichen folgende Aufgaben:
(Nichtzutreffendes bitte streichen)

- Übernahme der Fach- und Führungsverantwortung für den elektrotechnischen Betriebsteil (insbesondere Erstellung der Gefährdungsbeurteilung für elektrische Anlagen und ortsveränderliche sowie ortsfeste elektrische Betriebsmittel, Durchführung regelmäßiger sowie anlassbezogener Unterweisungen des unterstellten Personals, Erstellung von Arbeits- und Betriebsanweisungen für den elektrotechnischen Betriebsteil, Organisation der elektrotechnischen Prüfungen einschließlich der Dokumentation)
- Treffen von Anordnungen und sonstigen Maßnahmen, um die Anforderungen der entsprechenden elektrotechnischen Vorschriften und Normen, insbesondere die DGUV Vorschrift 3 bzw. 4 und DIN VDE 0105-100, in Bezug auf das Arbeiten und das Betreiben elektrischer Anlagen und Betriebsmittel sicherzustellen
- Auswahl des für die jeweils anstehenden Arbeiten geeigneten Personals
- Qualifikationserhalt des unterstellten Personals
- Beschaffung und Zurverfügungstellung geeigneter Werkzeuge und Hilfsmittel
- Koordination des Einsatzes von Fremdfirmen im elektrotechnischen Betriebsteil
- _____

Aufklärung über rechtliche und sonstige Konsequenzen:

- Die verantwortliche Elektrofachkraft trägt im Rahmen ihrer Bestellung die fachliche Verantwortung für die Sicherheit der elektrischen Anlagen und Betriebsmittel sowie für die ordnungsgemäße Durchführung der Prüfungen und die Dokumentation der Ergebnisse.
- Die verantwortliche Elektrofachkraft trägt die Fach- und Führungsverantwortung für die ihr unterstellten Elektrofachkräfte und elektrotechnisch unterwiesenen Personen. In Bezug auf die sichere und fachgerechte Durchführung der ihr übertragenen fachlichen Aufgaben ist die verantwortliche Elektrofachkraft weisungsfrei.
- Die verantwortliche Elektrofachkraft hat in ihrem Verantwortungsbereich sicherzustellen, dass den Elektrofachkräften entsprechend der vorher vereinbarten zeitlichen und örtlichen Planung die zu prüfenden elektrischen Betriebsmittel zur Verfügung gestellt werden bzw. ihnen der Zugang zu diesen ermöglicht wird.
- Kann die verantwortliche Elektrofachkraft ihre Aufgaben nicht in der vorgesehenen Art und Weise durchführen, so hat sie die Unternehmensleitung unverzüglich zu informieren.
- Über ggf. wirksam werdende rechtliche und sonstige Konsequenzen bei einer nicht ordnungsgemäßen Wahrnehmung der übertragenen Aufgaben wurde die bestellte verantwortliche Elektrofachkraft informiert.
- Es wurde durch die Unternehmensleitung ☐ überprüft bzw. ☐ sichergestellt, dass sich die Betriebshaftpflichtversicherung auch auf die Tätigkeit der verantwortlichen Elektrofachkraft erstreckt.

- Begangene Ordnungswidrigkeiten können mit bis zu 5.000 Euro, bei Verstößen gegen Anordnungen von zuständigen Behörden mit bis zu 25.000 Euro geahndet werden (§ 22 BetrSichV i. V. m. § 25 ArbSchG bzw. i. V. m. § 39 Abs. 1 Nr. 7 Buchstabe a ProdSichG, § 209 SGB VII).
- Vorsätzlich wiederholt begangene Ordnungswidrigkeiten oder die Gefährdung fremder Sachen von bedeutendem Wert können mit Freiheitsstrafen bis zu einem Jahr oder Geldstrafe geahndet werden (§ 23 Abs. 2 BetrSichV i. V. m. § 40 ProdSichG).
- Die Gefährdung von Leben oder Gesundheit eines Beschäftigten durch eine vorsätzlich begangene Ordnungswidrigkeit kann mit Freiheitsstrafen bis zu einem Jahr oder Geldstrafe geahndet werden (§ 23 Abs. 1 BetrSichV i. V. m. § 26 Nr. 2 ArbSchG).
- Eine fahrlässige Körperverletzung kann mit Freiheitsstrafen bis zu drei Jahren oder Geldstrafe geahndet werden (§ 229 StGB).
- Eine fahrlässige Tötung kann mit Freiheitsstrafen bis zu fünf Jahren oder Geldstrafe geahndet werden (§ 222 StGB).
- Schäden durch Vorsatz oder grobe Fahrlässigkeit können Erstattungsansprüche bis zur Höhe des zivilrechtlichen Schadensersatzanspruchs nach sich ziehen (§ 110 SGB VII, § 116 SGB X).

Zur Benutzung des Muster-Formulars:

Um Rechtssicherheit zu erlangen, sollten sowohl der Verantwortungsbereich als auch die Aufgaben, Mittel und Rechte der verantwortlichen Elektrofachkraft sowie deren Grenzen und die dann eingreifenden Verantwortlichkeiten so genau wie möglich beschrieben, dokumentiert und allen Beteiligten zur Kenntnis gegeben werden.

Anlage II zur Bestellungsurkunde für die verantwortliche Elektrofachkraft

Rechtliche Rahmenbedingungen für die Beauftragung einer verantwortlichen Elektrofachkraft

Vor Unterzeichnung der Bestellungsurkunde beachten!

§ 9 Gesetz über Ordnungswidrigkeiten

I. Handelt jemand
   1. als vertretungsberechtigtes Organ einer juristischen Person oder als Mitglied eines solchen Organs,
   2. als vertretungsberechtigter Gesellschafter einer Personenhandelsgesellschaft
   oder
   3. als gesetzlicher Vertreter eines anderen,

   so ist das Gesetz, nach dem besondere persönliche Eigenschaften, Verhältnisse oder Umstände (besondere persönliche Merkmale) die Möglichkeit einer Ahndung begründen, auch auf den Vertreter anzuwenden, wenn diese Merkmale zwar nicht bei ihm, aber bei dem Vertretenen vorliegen.

II. Ist jemand von dem Inhaber eines Betriebes oder einem sonst dazu Befugten
   1. beauftragt, den Betrieb ganz oder zum Teil zu leiten, oder
   2. ausdrücklich beauftragt, in eigener Verantwortung Aufgaben wahrzunehmen, die dem Inhaber des Betriebes obliegen,

   und handelt er auf Grund dieses Auftrages, so ist ein Gesetz, nach dem besondere persönliche Merkmale die Möglichkeit der Ahndung begründen, auch auf den Beauftragten anzuwenden, wenn diese Merkmale zwar nicht bei ihm, aber bei dem Inhaber des Betriebes vorliegen. Dem Betrieb im Sinne des Satzes 1 steht das Unternehmen gleich. Handelt jemand auf Grund eines entsprechenden Auftrages für eine Stelle, die Aufgaben der öffentlichen Verwaltung wahrnimmt, so ist der Satz 1 sinngemäß anzuwenden.

III. Die Absätze 1 und 2 sind auch dann anzuwenden, wenn die Rechtshandlung, welche die Vertretungsbefugnis oder das Auftragsverhältnis begründen sollte, unwirksam ist.

§ 13 Arbeitsschutzgesetz

(1) Verantwortlich für die Erfüllung der sich aus diesem Abschnitt ergebenden Pflichten sind neben dem Arbeitgeber
   1. sein gesetzlicher Vertreter,
   2. das vertretungsberechtigte Organ einer juristischen Person,
   3. der vertretungsberechtigte Gesellschafter einer Personenhandelsgesellschaft,
   4. Personen, die mit der Leitung eines Unternehmens oder eines Betriebes beauftragt sind, im Rahmen der ihnen übertragenen Aufgaben und Befugnisse,
   5. **sonstige nach Absatz 2 oder nach einer auf Grund dieses Gesetzes erlassenen Rechtsverordnung oder nach einer Unfallverhütungsvorschrift beauftragte Personen im Rahmen ihrer Aufgaben und Befugnisse.**

(2) **Der Arbeitgeber kann zuverlässige und fachkundige Personen schriftlich damit beauftragen, ihm obliegende Aufgaben nach diesem Gesetz in eigener Verantwortung wahrzunehmen.**

§ 15 Abs. 1 Siebtes Buch Sozialgesetzbuch (SGB VII)

(1) Die Unfallversicherungsträger können unter Mitwirkung der Deutschen Gesetzlichen Unfallversicherung e. V. als autonomes Recht Unfallverhütungsvorschriften über Maßnahmen zur Verhütung von Arbeitsunfällen, Berufskrankheiten und arbeitsbedingten Gesundheitsgefahren oder für eine wirksame Erste Hilfe erlassen, soweit dies zur Prävention geeignet und erforderlich ist und staatliche Arbeitsschutzvorschriften hierüber keine Regelung treffen; in diesem Rahmen können Unfallverhütungsvorschriften erlassen werden über
   1. Einrichtungen, Anordnungen und Maßnahmen, welche die Unternehmer zur Verhütung von Arbeitsunfällen, Berufskrankheiten und arbeitsbedingten Gesundheitsgefahren zu treffen haben, **sowie die Form der Übertragung dieser Aufgaben auf andere Personen,**
   2. das Verhalten der Versicherten zur Verhütung von Arbeitsunfällen, Berufskrankheiten und arbeitsbedingten Gesundheitsgefahren,
   […]

§ 13 Unfallverhütungsvorschrift DGUV Vorschrift 1

Der Unternehmer kann **zuverlässige und fachkundige** Personen **schriftlich** damit beauftragen, ihm nach Unfallverhütungsvorschriften obliegende Aufgaben in **eigener Verantwortung** wahrzunehmen. **Die Beauftragung muss den Verantwortungsbereich und Befugnisse festlegen und ist vom Beauftragten zu unterzeichnen. Eine Ausfertigung der Beauftragung ist ihm auszuhändigen.**

§ 2 Betriebssicherheitsverordnung

(6) Zur Prüfung befähigte Person ist eine Person, die durch ihre Berufsausbildung, ihre Berufserfahrung und ihre zeitnahe berufliche Tätigkeit über die erforderlichen Kenntnisse zur Prüfung von Arbeitsmitteln verfügt; soweit hinsichtlich der Prüfung von Arbeitsmitteln in den Anhängen 2 und 3 weitergehende Anforderungen festgelegt sind, sind diese zu erfüllen.

§ 3 Betriebssicherheitsverordnung

(6) [...]
Ferner hat der Arbeitgeber zu ermitteln und festzulegen, welche Voraussetzungen die zur Prüfung befähigten Personen erfüllen müssen, die von ihm mit den Prüfungen von Arbeitsmitteln gemäß den §§ 14, 15 und 16 zu beauftragen sind.

§ 14 Betriebssicherheitsverordnung

(1) Der Arbeitgeber hat Arbeitsmittel, deren Sicherheit von den Montagebedingungen abhängt, vor der erstmaligen Verwendung von einer zur Prüfung befähigten Person prüfen zu lassen. Die Prüfung umfasst Folgendes:

1. die Kontrolle der vorschriftsmäßigen Montage oder Installation und der sicheren Funktion dieser Arbeitsmittel,
2. die rechtzeitige Feststellung von Schäden,
3. die Feststellung, ob die getroffenen sicherheitstechnischen Maßnahmen geeignet und funktionsfähig sind.

Prüfinhalte, die im Rahmen eines Konformitätsbewertungsverfahrens geprüft und dokumentiert wurden, müssen nicht erneut geprüft werden. Die Prüfung muss vor jeder Inbetriebnahme nach einer Montage stattfinden.

(2) Arbeitsmittel, die Schäden verursachenden Einflüssen ausgesetzt sind, die zu Gefährdungen der Beschäftigten führen können, hat der Arbeitgeber wiederkehrend von einer zur Prüfung befähigten Person prüfen zu lassen. Die Prüfung muss entsprechend den nach § 3 Absatz 6 ermittelten Fristen stattfinden. Ergibt die Prüfung, dass ein Arbeitsmittel nicht bis zu der nach § 3 Absatz 6 ermittelten nächsten wiederkehrenden Prüfung sicher betrieben werden kann, ist die Prüffrist neu festzulegen.

(3) Arbeitsmittel sind nach prüfpflichtigen Änderungen vor ihrer nächsten Verwendung durch eine zur Prüfung befähigte Person prüfen zu lassen. Arbeitsmittel, die von außergewöhnlichen Ereignissen betroffen sind, die schädigende Auswirkungen auf ihre Sicherheit haben können, durch die Beschäftigte gefährdet werden können, sind vor ihrer weiteren Verwendung einer außerordentlichen Prüfung durch eine zur Prüfung befähigte Person unterziehen zu lassen. Außergewöhnliche Ereignisse können insbesondere Unfälle, längere Zeiträume der Nichtverwendung der Arbeitsmittel oder Naturereignisse sein.

(4) Bei der Prüfung der in Anhang 3 genannten Arbeitsmittel gelten die dort genannten Vorgaben zusätzlich zu den Vorgaben der Absätze 1 bis 3.

(5) Der Fälligkeitstermin von wiederkehrenden Prüfungen wird jeweils mit dem Monat und dem Jahr angegeben. Die Frist für die nächste wiederkehrende Prüfung beginnt mit dem Fälligkeitstermin der letzten Prüfung. Wird eine Prüfung vor dem Fälligkeitstermin durchgeführt, beginnt die Frist für die nächste Prüfung mit dem Monat und Jahr der Durchführung. Für Arbeitsmittel mit einer Prüffrist von mehr als zwei Jahren gilt Satz 3 nur, wenn die Prüfung mehr als zwei Monate vor dem Fälligkeitstermin durchgeführt wird. Ist ein Arbeitsmittel zum Fälligkeitstermin der wiederkehrenden Prüfung außer Betrieb gesetzt, so darf es erst wieder in Betrieb genommen werden, nachdem diese Prüfung durchgeführt worden ist; in diesem Fall beginnt die Frist für die nächste wiederkehrende Prüfung mit dem Termin der Prüfung. Eine wiederkehrende Prüfung gilt als fristgerecht durchgeführt, wenn sie spätestens zwei Monate nach dem Fälligkeitstermin durchgeführt wurde. Dieser Absatz ist nur anzuwenden, soweit es sich um Arbeitsmittel nach Anhang 2 Abschnitte 2 bis 4 und Anhang 3 handelt.

(6) Zur Prüfung befähigte Personen nach § 2 Absatz 6 unterliegen bei der Durchführung der nach dieser Verordnung vorgeschriebenen Prüfungen keinen fachlichen Weisungen durch den Arbeitgeber. Zur Prüfung befähigte Personen dürfen vom Arbeitgeber wegen ihrer Prüftätigkeit nicht benachteiligt werden.

(7) Der Arbeitgeber hat dafür zu sorgen, dass das Ergebnis der Prüfung nach den Absätzen 1 bis 4 aufgezeichnet und mindestens bis zur nächsten Prüfung aufbewahrt wird. Dabei hat er dafür zu sorgen, dass die Aufzeichnungen nach Satz 1 mindestens Auskunft geben über:

1. Art der Prüfung,
2. Prüfumfang und
3. Ergebnis der Prüfung.
4. Name und Unterschrift der zur Prüfung befähigten Person; bei ausschließlich elektronisch übermittelten Dokumenten elektronische Signatur.

Aufzeichnungen können auch in elektronischer Form aufbewahrt werden. Werden Arbeitsmittel nach den Absätzen 1 und 2 sowie Anhang 3 an unterschiedlichen Betriebsorten verwendet, ist ein Nachweis über die Durchführung der letzten Prüfung vorzuhalten.

(8) Die Absätze 1 bis 3 gelten nicht für überwachungsbedürftige Anlagen, soweit entsprechende Prüfungen in den §§ 15 und 16 vorgeschrieben sind. Absatz 7 gilt nicht für überwachungsbedürftige Anlagen, soweit entsprechende Aufzeichnungen in § 17 vorgeschrieben sind.

Bestellung (betriebsinterne) Elektrofachkraft (EFK)

Firma und Stempel

Elektrofachkraft: _____ **Auftraggeber:** _____

Name: _____ Name: _____

Straße: _____ Straße: _____

PLZ/Ort: _____ PLZ/Ort: _____

Auf Grundlage der Durchführungsanweisungen zu § 2 Abs. 3 der Unfallverhütungsvorschrift DGUV Vorschrift 3 bzw. 4 „Elektrische Anlagen und Betriebsmittel" ist es möglich, neben Beschäftigten mit einer erfolgreich abgeschlossenen Berufsausbildung als Elektroingenieur, Elektrotechniker, Elektromeister, Elektrofacharbeiter oder Elektrogeselle auch solche Beschäftigten als Elektrofachkräfte einzusetzen, deren Qualifikation durch eine mehrjährige Tätigkeit mit Ausbildung in Theorie und Praxis nach Überprüfung durch eine Elektrofachkraft nachgewiesen wurde.

Hiermit wird

Frau/Herr _____, geb. am _____ in _____,
Personal-Nr. _____,
mit Wirkung vom _____, zzt. im Unternehmen beschäftigt als _____, zur

(betriebsinternen) Elektrofachkraft

bestellt.

Die Bestellung erstreckt sich auf folgenden Arbeitsbereich:

_____

Ihre/Seine Befähigung und umfassenden Kenntnisse zur Wahrnehmung der Aufgaben sind durch ihre/seine
- Qualifikation als _____,
- Tätigkeit als/Tätigkeit im Betriebsbereich _____,
- langjährige Berufserfahrung im oben genannten Bereich (_____ Jahre)

sowie im Ergebnis der bewerteten Überprüfung durch die verantwortliche Elektrofachkraft _____,
Frau/Herrn _____, und im Beisein der Fachkraft für Arbeitssicherheit,
Frau/Herrn _____, ausreichend erwiesen.

Die sich aus dieser Bestellung ergebenden Aufgaben und Befugnisse sowie die im Kontext zu dieser Bestellung stehenden rechtlichen Rahmenbedingungen sind in der Anlage zu dieser Bestellung aufgeführt.

Durch Ihre Unterschrift bestätigen Sie, dass Sie die Ihnen übertragenen Aufgaben und Befugnisse sowie die rechtlichen Rahmenbedingungen verstanden haben und die übertragenen Aufgaben dementsprechend ordnungsgemäß in eigener Verantwortung ausführen können und werden.

Des Weiteren bestätigen Sie, dass Sie über die notwendigen fachlichen Kenntnisse und Erfahrungen verfügen (siehe Anlage).

Für den Erhalt Ihrer Kenntnis der aktuellen Vorschriften und Normen wird Ihnen in Absprache mit Ihrem betrieblichen Vorgesetzten die regelmäßige Teilnahme an Weiterbildungsveranstaltungen sowie der Zugang zu fachlichen Informationsquellen ermöglicht.

Die Bestellung gilt bis auf Widerruf, längstens jedoch für die Dauer des bestehenden Arbeitsverhältnisses. Eine Kopie dieser Bestellung wird Ihnen ausgehändigt.

Für Ihre Tätigkeit als Elektrofachkraft wünschen wir Ihnen viel Erfolg.

_____
(Ort)

_____
(Datum)

_____
(Unterschrift der Unternehmensleitung)

_____
(Unterschrift der disziplinarisch vorgesetzten Führungskraft)

_____
(Unterschrift der Elektrofachkraft)

Anlage I zur Bestellungsurkunde für die Elektrofachkraft

Nachweis der fachlichen Qualifikation der Elektrofachkraft:

Frau/Herr _____ hat eine Berufsausbildung zur/zum _____
im Jahre _____ absolviert und führt seit _____ Jahren insbesondere folgende Aufgaben aus:

- _____
- _____
- _____
- _____

Für den notwendigen Erhalt der theoretischen Fachkunde hat Frau/Herr _____ folgende Veranstaltungen besucht bzw. sich in anderer Form qualifiziert (bitte näher beschreiben):

- _____
- _____
- _____
- _____

Aufgaben der Elektrofachkraft:

Die Bestellung zur Elektrofachkraft umfasst im Wesentlichen folgende Aufgaben:

- _____
- _____
- _____
- _____
- _____
- _____

Befugnisse der Elektrofachkraft:

Zur Durchführung der Aufgaben werden Frau/Herrn _____ folgende Befugnisse übertragen:
(Nichtzutreffendes bitte streichen)

- Befugnis zur unverzüglichen Außerbetriebsetzung von defekten und gefährlichen elektrischen Anlagen und Betriebsmitteln nach Information und Absprache mit der jeweils zuständigen Führungskraft
- Recht auf Verweigerung bzw. Beendigung der Prüftätigkeit, wenn die für die sichere Durchführbarkeit der Prüfungen notwendigen Rahmenbedingungen nicht gegeben sind, die Durchführung der Tätigkeiten mit einer Überschreitung der eigenen Kompetenzen oder Befugnisse verbunden ist oder wenn die für die Durchführung der Prüfungen notwendigen Kenntnisse, Erfahrungen und Prüfmittel nicht vorhanden sind
- Hinsichtlich der Wahrnehmung der Leitung und Aufsicht gegenüber unterwiesenen Personen wird das Recht eingeräumt, die erforderlichen Maßnahmen (örtliche Kontrolle, Unterweisung, Anweisung) im eigenen Ermessen durchzuführen
- _____

Für die Wahrnehmung der Aufgaben wird ein Budget von _____ Euro zur Verfügung gestellt.

Aufklärung über rechtliche und sonstige Konsequenzen:

- Die Elektrofachkraft trägt im Rahmen ihrer Bestellung die fachliche Verantwortung für die sichere und sachgerechte Durchführung der elektrotechnischen Tätigkeiten, den Erhalt des sicheren Zustands der elektrischen Anlagen und Arbeitsmittel sowie für die ordnungsgemäße Durchführung der Prüfungen und die Dokumentation der Ergebnisse.
- Die Elektrofachkraft trägt (sofern vereinbart) die Fach- und Führungsverantwortung für die ihr unterstellten elektrotechnisch unterwiesenen Personen. In Bezug auf die sichere und fachgerechte Durchführung der Prüfungen ist die Elektrofachkraft den ihr unterstellten elektrotechnisch unterwiesenen Personen weisungsbefugt.
- Die jeweils zuständige Führungskraft hat in ihrem Verantwortungsbereich sicherzustellen, dass der Elektrofachkraft entsprechend der vorher vereinbarten zeitlichen und örtlichen Planung die zu prüfenden elektrischen Betriebsmittel zur Verfügung gestellt werden bzw. ihr der Zugang zu diesen ermöglicht wird. Ist dies nicht der Fall, können der Elektrofachkraft keine rechtlichen Konsequenzen entstehen, wenn diese Betriebsmittel nicht geprüft werden.
- Kann die Elektrofachkraft ihre Aufgaben nicht in der vorgesehenen Art und Weise durchführen, so hat sie unverzüglich die jeweils verantwortliche Führungskraft sowie die ihr selbst disziplinarisch vorgesetzte Führungskraft zu informieren.
- Über ggf. wirksam werdende rechtliche und sonstige Konsequenzen bei einer nicht ordnungsgemäßen Wahrnehmung der übertragenen Aufgaben wurde die bestellte Elektrofachkraft informiert.
- Es wurde durch die Unternehmensleitung ☐ überprüft bzw. ☐ sichergestellt, dass sich die Betriebshaftpflichtversicherung auch auf die Tätigkeit der Elektrofachkraft erstreckt.
- Begangene Ordnungswidrigkeiten können mit bis zu 5.000 Euro, bei Verstößen gegen Anordnungen von zuständigen Behörden mit bis zu 25.000 Euro geahndet werden (§ 22 BetrSichV i. V. m. § 25 ArbSchG bzw. i. V. m. § 39 Abs. 1 Nr. 7 Buchstabe a ProdSichG, § 209 SGB VII).
- Vorsätzlich wiederholt begangene Ordnungswidrigkeiten oder die Gefährdung fremder Sachen von bedeutendem Wert können mit Freiheitsstrafen bis zu einem Jahr oder Geldstrafe geahndet werden (§ 23 Abs. 2 BetrSichV i. V. m. § 40 ProdSichG).
- Die Gefährdung von Leben oder Gesundheit eines Beschäftigten durch eine vorsätzlich begangene Ordnungswidrigkeit kann mit Freiheitsstrafen bis zu einem Jahr oder Geldstrafe geahndet werden (§ 23 Abs. 1 BetrSichV i. V. m. § 26 Nr. 2 ArbSchG).
- Eine fahrlässige Körperverletzung kann mit Freiheitsstrafen bis zu drei Jahren oder Geldstrafe geahndet werden (§ 229 StGB).
- Eine fahrlässige Tötung kann mit Freiheitsstrafen bis zu fünf Jahren oder Geldstrafe geahndet werden (§ 222 StGB).
- Schäden durch Vorsatz oder grobe Fahrlässigkeit können Erstattungsansprüche bis zur Höhe des zivilrechtlichen Schadensersatzanspruchs nach sich ziehen (§ 110 SGB VII, § 116 SGB X).

Anlage II zur Bestellungsurkunde für die Elektrofachkraft

Rechtliche Rahmenbedingungen für die Beauftragung einer Elektrofachkraft

Vor Unterzeichnung der Bestellungsurkunde beachten!

§ 9 Gesetz über Ordnungswidrigkeiten

I. Handelt jemand
1. als vertretungsberechtigtes Organ einer juristischen Person oder als Mitglied eines solchen Organs,
2. als vertretungsberechtigter Gesellschafter einer Personenhandelsgesellschaft oder
3. als gesetzlicher Vertreter eines anderen,

so ist das Gesetz, nach dem besondere persönliche Eigenschaften, Verhältnisse oder Umstände (besondere persönliche Merkmale) die Möglichkeit einer Ahndung begründen, auch auf den Vertreter anzuwenden, wenn diese Merkmale zwar nicht bei ihm, aber bei dem Vertretenen vorliegen.

II. Ist jemand von dem Inhaber eines Betriebes oder einem sonst dazu Befugten
1. beauftragt, den Betrieb ganz oder zum Teil zu leiten, oder
2. ausdrücklich beauftragt, in eigener Verantwortung Aufgaben wahrzunehmen, die dem Inhaber des Betriebes obliegen, und handelt er auf Grund dieses Auftrages,

so ist ein Gesetz, nach dem besondere persönliche Merkmale die Möglichkeit der Ahndung begründen, auch auf den Beauftragten anzuwenden, wenn diese Merkmale zwar nicht bei ihm, aber bei dem Inhaber des Betriebes vorliegen. Dem Betrieb im Sinne des Satzes 1 steht das Unternehmen gleich. Handelt jemand auf Grund eines entsprechenden Auftrages für eine Stelle, die Aufgaben der öffentlichen Verwaltung wahrnimmt, so ist der Satz 1 sinngemäß anzuwenden.

III. Die Absätze 1 und 2 sind auch dann anzuwenden, wenn die Rechtshandlung, welche die Vertretungsbefugnis oder das Auftragsverhältnis begründen sollte, unwirksam ist.

§ 13 Arbeitsschutzgesetz

(1) Verantwortlich für die Erfüllung der sich aus diesem Abschnitt ergebenden Pflichten sind neben dem Arbeitgeber
1. sein gesetzlicher Vertreter,
2. das vertretungsberechtigte Organ einer juristischen Person,
3. der vertretungsberechtigte Gesellschafter einer Personenhandelsgesellschaft,
4. Personen, die mit der Leitung eines Unternehmens oder eines Betriebes beauftragt sind, im Rahmen der ihnen übertragenen Aufgaben und Befugnisse,
5. **sonstige nach Absatz 2 oder nach einer auf Grund dieses Gesetzes erlassenen Rechtsverordnung oder nach einer Unfallverhütungsvorschrift beauftragte Personen im Rahmen ihrer Aufgaben und Befugnisse.**

(2) **Der Arbeitgeber kann zuverlässige und fachkundige Personen schriftlich damit beauftragen, ihm obliegende Aufgaben nach diesem Gesetz in eigener Verantwortung wahrzunehmen.**

§ 15 Abs. 1 Siebtes Buch Sozialgesetzbuch (SGB VII)

(1) Die Unfallversicherungsträger können unter Mitwirkung der Deutschen Gesetzlichen Unfallversicherung e. V. als autonomes Recht Unfallverhütungsvorschriften über Maßnahmen zur Verhütung von Arbeitsunfällen, Berufskrankheiten und arbeitsbedingten Gesundheitsgefahren oder für eine wirksame Erste Hilfe erlassen, soweit dies zur Prävention geeignet und erforderlich ist und staatliche Arbeitsschutzvorschriften hierüber keine Regelung treffen; in diesem Rahmen können Unfallverhütungsvorschriften erlassen werden über

1. Einrichtungen, Anordnungen und Maßnahmen, welche die Unternehmer zur Verhütung von Arbeitsunfällen, Berufskrankheiten und arbeitsbedingten Gesundheitsgefahren zu treffen haben, **sowie die Form der Übertragung dieser Aufgaben auf andere Personen,**
2. das Verhalten der Versicherten zur Verhütung von Arbeitsunfällen, Berufskrankheiten und arbeitsbedingten Gesundheitsgefahren,
   [...]

§ 13 Unfallverhütungsvorschrift DGUV Vorschrift 1

Der Unternehmer kann **zuverlässige und fachkundige** Personen **schriftlich** damit beauftragen, ihm nach Unfallverhütungsvorschriften obliegende Aufgaben in **eigener Verantwortung** wahrzunehmen. **Die Beauftragung muss den Verantwortungsbereich und Befugnisse festlegen und ist vom Beauftragten zu unterzeichnen. Eine Ausfertigung der Beauftragung ist ihm auszuhändigen.**

§ 2 Betriebssicherheitsverordnung

(6) Zur Prüfung befähigte Person ist eine Person, die durch ihre Berufsausbildung, ihre Berufserfahrung und ihre zeitnahe berufliche Tätigkeit über die erforderlichen Kenntnisse zur Prüfung von Arbeitsmitteln verfügt; soweit hinsichtlich der Prüfung von Arbeitsmitteln in den Anhängen 2 und 3 weitergehende Anforderungen festgelegt sind, sind diese zu erfüllen.

§ 3 Betriebssicherheitsverordnung

(6) [...]
Ferner hat der Arbeitgeber zu ermitteln und festzulegen, welche Voraussetzungen die zur Prüfung befähigten Personen erfüllen müssen, die von ihm mit den Prüfungen von Arbeitsmitteln gemäß den §§ 14, 15 und 16 zu beauftragen sind.

§ 14 Betriebssicherheitsverordnung

(1) Der Arbeitgeber hat Arbeitsmittel, deren Sicherheit von den Montagebedingungen abhängt, vor der erstmaligen Verwendung von einer zur Prüfung befähigten Person prüfen zu lassen. Die Prüfung umfasst Folgendes:

1. die Kontrolle der vorschriftsmäßigen Montage oder Installation und der sicheren Funktion dieser Arbeitsmittel,
2. die rechtzeitige Feststellung von Schäden,
3. die Feststellung, ob die getroffenen sicherheitstechnischen Maßnahmen geeignet und funktionsfähig sind.

Prüfinhalte, die im Rahmen eines Konformitätsbewertungsverfahrens geprüft und dokumentiert wurden, müssen nicht erneut geprüft werden. Die Prüfung muss vor jeder Inbetriebnahme nach einer Montage stattfinden.

(2) Arbeitsmittel, die Schäden verursachenden Einflüssen ausgesetzt sind, die zu Gefährdungen der Beschäftigten führen können, hat der Arbeitgeber wiederkehrend von einer zur Prüfung befähigten Person prüfen zu lassen. Die Prüfung muss entsprechend den nach § 3 Absatz 6 ermittelten Fristen stattfinden. Ergibt die Prüfung, dass ein Arbeitsmittel nicht bis zu der nach § 3 Absatz 6 ermittelten nächsten wiederkehrenden Prüfung sicher betrieben werden kann, ist die Prüffrist neu festzulegen.

(3) Arbeitsmittel sind nach prüfpflichtigen Änderungen vor ihrer nächsten Verwendung durch eine zur Prüfung befähigte Person prüfen zu lassen. Arbeitsmittel, die von außergewöhnlichen Ereignissen betroffen sind, die schädigende Auswirkungen auf ihre Sicherheit haben können, durch die Beschäftigte gefährdet werden können, sind vor ihrer weiteren Verwendung einer außerordentlichen Prüfung durch eine zur Prüfung befähigte Person unterziehen zu lassen. Außergewöhnliche Ereignisse können insbesondere Unfälle, längere Zeiträume der Nichtverwendung der Arbeitsmittel oder Naturereignisse sein.

(4) Bei der Prüfung der in Anhang 3 genannten Arbeitsmittel gelten die dort genannten Vorgaben zusätzlich zu den Vorgaben der Absätze 1 bis 3.

(5) Der Fälligkeitstermin von wiederkehrenden Prüfungen wird jeweils mit dem Monat und dem Jahr angegeben. Die Frist für die nächste wiederkehrende Prüfung beginnt mit dem Fälligkeitstermin der letzten Prüfung. Wird eine Prüfung vor dem Fälligkeitstermin durchgeführt, beginnt die Frist für die nächste Prüfung mit dem Monat und Jahr der Durchführung. Für Arbeitsmittel mit einer Prüffrist von mehr als zwei Jahren gilt Satz 3 nur, wenn die Prüfung mehr als zwei Monate vor dem Fälligkeitstermin durchgeführt wird. Ist ein Arbeitsmittel zum Fälligkeitstermin der wiederkehrenden Prüfung außer Betrieb gesetzt, so darf es erst wieder in Betrieb genommen werden, nachdem diese Prüfung durchgeführt worden ist; in diesem Fall beginnt die Frist für die nächste wiederkehrende Prüfung mit dem Termin der Prüfung. Eine wiederkehrende Prüfung gilt als fristgerecht durchgeführt, wenn sie spätestens zwei Monate nach dem Fälligkeitstermin durchgeführt wurde. Dieser Absatz ist nur anzuwenden, soweit es sich um Arbeitsmittel nach Anhang 2 Abschnitte 2 bis 4 und Anhang 3 handelt.

(6) Zur Prüfung befähigte Personen nach § 2 Absatz 6 unterliegen bei der Durchführung der nach dieser Verordnung vorgeschriebenen Prüfungen keinen fachlichen Weisungen durch den Arbeitgeber. Zur Prüfung befähigte Personen dürfen vom Arbeitgeber wegen ihrer Prüftätigkeit nicht benachteiligt werden.

(7) Der Arbeitgeber hat dafür zu sorgen, dass das Ergebnis der Prüfung nach den Absätzen 1 bis 4 aufgezeichnet und mindestens bis zur nächsten Prüfung aufbewahrt wird. Dabei hat er dafür zu sorgen, dass die Aufzeichnungen nach Satz 1 mindestens Auskunft geben über:

1. Art der Prüfung,
2. Prüfumfang und
3. Ergebnis der Prüfung.
4. Name und Unterschrift der zur Prüfung befähigten Person; bei ausschließlich elektronisch übermittelten Dokumenten elektronische Signatur.

Aufzeichnungen können auch in elektronischer Form aufbewahrt werden. Werden Arbeitsmittel nach den Absätzen 1 und 2 sowie Anhang 3 an unterschiedlichen Betriebsorten verwendet, ist ein Nachweis über die Durchführung der letzten Prüfung vorzuhalten.

(8) Die Absätze 1 bis 3 gelten nicht für überwachungsbedürftige Anlagen, soweit entsprechende Prüfungen in den §§ 15 und 16 vorgeschrieben sind. Absatz 7 gilt nicht für überwachungsbedürftige Anlagen, soweit entsprechende Aufzeichnungen in § 17 vorgeschrieben sind.

Bestellung Elektrofachkraft für festgelegte Tätigkeiten (EFKffT)

Firma und Stempel

Elektrofachkraft: _____	**Auftraggeber:** _____
Name: _____	Name: _____
Straße: _____	Straße: _____
PLZ/Ort: _____	PLZ/Ort: _____

Frau/Herr _____

wird zur

Elektrofachkraft für festgelegte Tätigkeiten

bestellt, mit der Befugnis, elektrotechnische Arbeiten für das im Folgenden beschriebene und begrenzte Aufgabengebiet durchzuführen.

Das Aufgabengebiet bezieht sich auf die Ausführung elektrotechnischer Arbeiten im Rahmen der nachfolgend festgelegten Tätigkeiten.

Frau/Herr _____ ist im Rahmen dieses Aufgabengebiets und der ihr/ihm erteilten schriftlichen Arbeitsanweisungen zur selbstständigen Ausführung elektrotechnischer Arbeiten im Rahmen der von ihr/ihm erworbenen Qualifikationen gemäß Zertifikat befähigt. **Arbeiten unter Spannung sind verboten.**

Es dürfen folgende Tätigkeiten unter Beachtung der entsprechenden, durch den Arbeitgeber verfassten Arbeitsanweisungen ausgeführt werden:

- _____
- _____
- _____
- _____
- _____
- _____

Diese festgelegten Tätigkeiten dürfen nur an Anlagen und Betriebsmitteln mit Nennspannungen bis 1.000 V AC bzw. 1.500 V DC und grundsätzlich nur im freigeschalteten Zustand durchgeführt werden. Unter Spannung sind Fehlersuche und Feststellen der Spannungsfreiheit erlaubt.

Die Freischaltung, Absicherung und Feststellung der ordnungsgemäßen Schutzmaßnahmen der zugeführten elektrischen Einspeisung muss von einer entsprechend autorisierten Elektrofachkraft erfolgen.

Frau/Herr _____ wurde für ihr/sein Aufgabengebiet in Theorie und Praxis ausgebildet. Der Erwerb des für die eigenverantwortliche Durchführung der festgelegten Tätigkeiten erforderlichen Fachwissens wurde durch eine am _____ erfolgreich abgelegte Prüfung nachgewiesen. Sie/Er wurde hinsichtlich der Abgrenzung ihres/seines Aufgabengebiets und der Gefahren sowie über die Gefahrenabwehrmaßnahmen unterwiesen. Frau/Herr _____ _____ hat die Inhalte des Seminars und der Unterweisung verstanden und stimmt der Bestellung zu.

_____ _____
(Ort) (Datum)

_____ _____
(Unterschrift der Unternehmensleitung) (Unterschrift der Elektrofachkraft)

© FORUM VERLAG HERKERT GMBH

Bestellung
Zur Prüfung befähigte Person

Firma und Stempel

Herr/Frau _____ wird hiermit in Ergänzung ihres/seines Arbeitsvertrages vom
(Name, Vorname)

_____
(Datum)

mit Wirkung zum _____ als
(Datum)

zur Prüfung befähigte Person

☐ für die Prüfung von Arbeitsmitteln gem. § 14 BetrSichV
☐ für die Prüfung von überwachungsbedürftigen Anlagen gem. § 15 BetrSichV
☐ für die Prüfung von überwachungsbedürftigen Anlagen gem. § 16 BetrSichV

für _____ bestellt.
(Anwendungs-/Verantwortungs-/Zuständigkeitsbereich)

Die sich aus dieser Bestellung ergebenden Aufgaben und Befugnisse sowie die im Kontext zu dieser Bestellung stehenden rechtlichen Rahmenbedingungen sind in der Anlage zu dieser Bestellung aufgeführt.

Durch Ihre Unterschrift bestätigen Sie, dass Sie die Ihnen übertragenen Aufgaben und Befugnisse sowie die rechtlichen Rahmenbedingungen verstanden haben und die übertragene Prüfaufgabe dementsprechend ordnungsgemäß in eigener Verantwortung ausführen können und werden.

Des Weiteren bestätigen Sie, dass Sie über die notwendigen fachlichen Kenntnisse und Erfahrungen gemäß Abschnitt 2 und Abschnitt 3.1 der Technischen Regel für Betriebssicherheit (TRBS) 1203 verfügen.

Für den Erhalt Ihrer Kenntnis der aktuellen Vorschriften und Normen wird Ihnen in Absprache mit Ihrem betrieblichen Vorgesetzten die regelmäßige Teilnahme an Weiterbildungsveranstaltungen sowie der Zugang zu fachlichen Informationsquellen ermöglicht.

Als zur Prüfung befähigte Person unterliegen Sie gem. § 14 Abs. 6 BetrSichV bei Ihrer Prüftätigkeit keinen fachlichen Weisungen und dürfen wegen dieser Tätigkeit auch nicht benachteiligt werden.

Eine Kopie dieser Bestellung wird Ihnen ausgehändigt.

Für Ihre Tätigkeit als zur Prüfung befähigte Person wünschen wir Ihnen viel Erfolg.

_____, den _____   _____
(Ort)   (Datum)   (Unterschrift)

Nachweis der fachlichen Qualifikation der zur Prüfung befähigten Person:

Frau/Herr _____ hat eine Berufsausbildung zur/zum _____ im Jahre _____ absolviert und führt seit _____ Jahren insbesondere folgende Aufgaben aus:

- _____
- _____
- _____

Für den notwendigen Erhalt der theoretischen Fachkunde hat Frau/Herr _____ folgende Veranstaltungen besucht bzw. sich in anderer Form qualifiziert (bitte näher beschreiben):

- _____
- _____
- _____
- _____
- _____
- _____
- _____
- _____
- _____

Aufgaben der zur Prüfung befähigten Person:
Die Bestellung der zur Prüfung befähigten Person umfasst im Wesentlichen folgende Aufgaben:
- Rechtzeitige Anmeldung und Koordination des Ablaufs der Prüfungen mit den jeweiligen Führungskräften, in deren Zuständigkeitsbereich Prüfungen durchzuführen sind.
- Ermittlung von Art, Umfang und Fristen erforderlicher Prüfungen von ☐ ortsfesten und ☐ ortsveränderlichen Arbeitsmitteln als fachliche Entscheidungshilfe für den Arbeitgeber bzw. die verantwortliche Führungskraft.
- Dokumentation der Ergebnisse der Prüfungen mittels Prüfplakette und/oder Prüfprotokoll.
- Erarbeitung einer zusammenfassenden Auswertung, anhand derer typische Mängelschwerpunkte erkannt werden können. Die Form dieser Auswertung ist im Vorfeld der Prüfungen mit der Unternehmensleitung dergestalt auf die betrieblichen Belange abzustimmen, dass die daraus gewonnenen Erkenntnisse für die Gefährdungsbeurteilung und insbesondere auch für die Neubeschaffung von Arbeitsmitteln, die Erarbeitung von Arbeitsanweisungen sowie die Ableitung von Unterweisungen genutzt werden können.
- Durchführung der erforderlichen Maßnahmen zum Arbeitsschutz (z. B. Freischaltung von Arbeitsbereichen, Außerbetriebnahme nicht betriebssicherer Anlagen oder Arbeitsmittel, Belehrung von Beschäftigten hinsichtlich der bestimmungsgemäßen Nutzung von Anlagen oder Arbeitsmitteln etc.) nach Information und Absprache mit der jeweils zuständigen Führungskraft.
- Wahrnehmung der Leitung und Aufsicht gegenüber den unterstellten unterwiesenen Personen sowie Auswertung der von diesen gelieferten Messergebnisse im Rahmen der Prüfung elektrischer Arbeitsmittel. (Anmerkung: Die Wahrnehmung der Leitung und Aufsicht umfasst insbesondere die Fach- und Führungsverantwortung gegenüber dem betreffenden schriftlich bestellten Personenkreis. Dies ist in den Durchführungsanweisungen zu § 3 Abs. 1 der DGUV Vorschriften 3 bzw. 4 näher beschrieben.)

Befugnisse der zur Prüfung befähigten Person:
Zur Durchführung der Aufgaben werden folgende Befugnisse übertragen:
- Befugnis zur unverzüglichen Außerbetriebsetzung von defekten und gefährlichen Anlagen oder Arbeitsmitteln nach Information und Absprache mit der jeweils zuständigen Führungskraft.
- Recht auf Verweigerung bzw. Beendigung der Prüftätigkeit, wenn die für die sichere Durchführbarkeit der Prüfungen notwendigen Rahmenbedingungen nicht gegeben sind, die Durchführung der Tätigkeiten mit einer Überschreitung der eigenen Kompetenzen bzw. Befugnisse verbunden ist oder wenn die für die Durchführung der Prüfungen notwendigen Kenntnisse bzw. Erfahrungen nicht vorhanden sind.
- Hinsichtlich der Wahrnehmung der Leitung und Aufsicht gegenüber unterwiesenen Personen wird das Recht eingeräumt, die erforderlichen Maßnahmen (örtliche Kontrolle, Unterweisung, Anweisung) im eigenen Ermessen durchzuführen.
- Für die Wahrnehmung der Aufgaben wird ein Budget von _____ Euro zur Verfügung gestellt.

Aufklärung über rechtliche und sonstige Konsequenzen:
- Die zur Prüfung befähigte Person trägt im Rahmen ihrer Bestellung die fachliche Verantwortung für die ordnungsgemäße Durchführung der Prüfungen und die Dokumentation der Ergebnisse.
- Die zur Prüfung befähigte Person trägt die Fach- und Führungsverantwortung für die ihr unterstellten unterwiesenen Personen. In Bezug auf die sichere und fachgerechte Durchführung der Prüfungen ist die befähigte Person den ihr unterstellten elektrotechnisch unterwiesenen Personen gegenüber weisungsbefugt.
- Die jeweils zuständige Führungskraft hat in ihrem Verantwortungsbereich sicherzustellen, dass der zur Prüfung befähigten Person entsprechend der vorher vereinbarten zeitlichen und örtlichen Planung die zu prüfenden ☐ Arbeitsmittel und ☐ Anlagen zur Verfügung gestellt werden bzw. ihr der Zugang zu diesen ermöglicht wird. Ist dies nicht der Fall, können der befähigten Person keine rechtlichen Konsequenzen daraus entstehen, wenn diese ☐ Arbeitsmittel und ☐ Anlagen aus diesen Gründen nicht geprüft werden.
- Kann die zur Prüfung befähigte Person ihre Aufgaben nicht in der vorgesehenen Art und Weise durchführen, so hat sie unverzüglich die im jeweiligen Arbeitsbereich verantwortliche Führungskraft sowie die ihr selbst disziplinarisch vorgesetzte Führungskraft zu informieren.
- Über ggf. wirksam werdende rechtliche und sonstige Konsequenzen bei einer nicht ordnungsgemäßen Wahrnehmung der übertragenen Aufgaben wurde die zur Prüfung befähigte Person informiert.
- Es wurde durch die Unternehmensleitung ☐ überprüft bzw. ☐ sichergestellt, dass sich die Betriebshaftpflichtversicherung auch auf die Tätigkeit der zur Prüfung befähigten Person erstreckt.
- Begangene Ordnungswidrigkeiten können mit bis zu 5.000 Euro, bei Verstößen gegen Anordnungen von zuständigen Behörden mit bis zu 25.000 Euro geahndet werden (§ 22 BetrSichV i. V. m. § 25 ArbSchG bzw. i. V. m. § 39 Abs. 1 Nr. 7 Buchstabe a ProdSichG, § 209 SGB VII).
- Vorsätzlich wiederholt begangene Ordnungswidrigkeiten oder die Gefährdung fremder Sachen von bedeutendem Wert können mit Freiheitsstrafen bis zu einem Jahr oder Geldstrafe geahndet werden (§ 23 Abs. 2 BetrSichV i. V. m. § 40 ProdSichG).
- Die Gefährdung von Leben oder Gesundheit eines Beschäftigten durch eine vorsätzlich begangene Ordnungswidrigkeit kann mit Freiheitsstrafen bis zu einem Jahr oder Geldstrafe geahndet werden (§ 23 Abs. 1 BetrSichV i. V. m. § 26 Nr. 2 ArbSchG).
- Eine fahrlässige Körperverletzung kann mit Freiheitsstrafen bis zu drei Jahren oder Geldstrafe geahndet werden (§ 229 StGB).
- Eine fahrlässige Tötung kann mit Freiheitsstrafen bis zu fünf Jahren oder Geldstrafe geahndet werden (§ 222 StGB).
- Schäden durch Vorsatz oder grobe Fahrlässigkeit können Erstattungsansprüche bis zur Höhe des zivilrechtlichen Schadensersatzanspruchs nach sich ziehen (§ 110 SGB VII, § 116 SGB X).

Rechtliche Rahmenbedingungen für die Beauftragung einer zur Prüfung befähigten Person
Gesetz über Ordnungswidrigkeiten § 9 Handeln für einen anderen
Arbeitsschutzgesetz § 13 Verantwortliche Personen
DGUV Vorschrift 1 § 13 Pflichtenübertragung
Betriebssicherheitsverordnung
§ 2 Begriffsbestimmungen
§ 3 Gefährdungsbeurteilung
§ 14 Prüfung von Arbeitsmitteln
§ 15 Prüfung vor Inbetriebnahme und vor Wiederinbetriebnahme nach prüfpflichtigen Änderungen
§ 16 Wiederkehrende Prüfung
§ 15 Abs. 3 gilt entsprechend

Technische Regel für Betriebssicherheit (TRBS) 1203: Abschnitt 2 und 3.1

Bestellung Elektrotechnisch unterwiesene Person

Firma und Stempel

Unterwiesene Person: _____	Auftraggeber: _____
Name: _____	Name: _____
Straße: _____	Straße: _____
PLZ/Ort: _____	PLZ/Ort: _____

Herr/Frau _____ wird hiermit in Ergänzung ihres/seines Arbeitsvertrags vom
(Name, Vorname)

_____ mit Wirkung zum _____ zur
(Datum) (Datum)

elektrotechnisch unterwiesenen Person

für _____ bestellt.
(Anwendungs-/Verantwortung-/Zuständigkeitsbereich)

Aufgrund dieser Bestellung und der in der Unterweisung zur elektrotechnisch unterwiesenen Person in Theorie und Praxis vermittelten Kenntnisse ist Frau/Herr _____ berechtigt, die auf der Rückseite genannten Tätigkeiten unter der Leitung und Aufsicht der fachverantwortlichen Elektrofachkraft/befähigten Person, Frau/Herr _____, Abteilung _____ Telefon _____ durchzuführen.

Durch ihre/seine Unterschrift verpflichtet sich Frau/Herr _____ gemäß den Inhalten der Unterweisung tätig zu werden, die Weisungen der Elektrofachkraft/befähigten Person zu befolgen und sonst keine weiteren Tätigkeiten oder Eingriffe an elektrischen Anlagen oder Arbeitsmitteln vorzunehmen.

_____ _____
(Ort, Datum) (Unterschrift der elektrotechnisch unterwiesenen Person)

_____ _____
(Ort, Datum) (Unterschrift der leitenden und aufsichtführenden Elektrofachkraft/befähigten Person)

_____ _____
(Ort, Datum) (Unterschrift der verantwortlichen Person gem. § 13 ArbSchG)

Ihre Aufgaben/Tätigkeiten:

Anmerkung: Die nachfolgende Aufzählung enthält typische Tätigkeiten, die ggf. von elektrotechnisch unterwiesenen Personen ausgeführt werden können. Soll dieses Formular für andere Tätigkeiten verwendet werden, sind die Tätigkeiten entsprechend anzupassen.

	Ja	Nein
• Auswechseln von Feinsicherungen und Schmelzeinsätzen von Schraubsicherungen bis max. 63 A (Typ D0 und D in Unterverteilungen nach DIN VDE 0105-100, Tabelle 104)	☐	☐
• Auswechseln von Leuchtmitteln und herausnehmbarem Zubehör (z. B. Starter) bei gegebenem Berührungsschutz und Möglichkeiten zum Freischalten nach DIN VDE 0105-100 Abschnitt 7.4.2	☐	☐
• Entsperren von Motorschutzschaltern und -relais, Fehlerstrom- und Leitungsschutzschaltern sowie Not-Aus-Schaltern	☐	☐
• Reinigen elektrischer Anlagen und Betriebsmittel	☐	☐
• Arbeiten in der Nähe unter Spannung stehender Teile	☐	☐
• Überprüfung ortsveränderlicher elektrischer Betriebsmittel unter Verwendung geeigneter Prüfgeräte, die der Normenreihe DIN VDE 0404 und DIN VDE 0413 entsprechen	☐	☐
• Heranführen geeigneter Prüf-, Mess- und Justiereinrichtungen an unter Spannung stehenden Teile	☐	☐
• sonstige, nachstehend beschriebene Tätigkeiten		

_____

_____

_____

_____

PRÜFLISTEN ZUR EINHALTUNG RECHTLICHER VORGABEN

Checkliste
Prüfungen und Kontrollen von Arbeitsmitteln gemäß neuer TRBS 1201

Firma/Einrichtung: _____

Name des Prüfers: _____

Ort/Datum: _____, den _____
           (Ort)   (Datum)

Diese Checkliste unterstützt bei der Umsetzung der Regelungen der TRBS 1201 „Prüfungen und Kontrollen von Arbeitsmitteln und überwachungsbedürftigen Anlagen", Stand: März 2019 GMBl. 2019 S. 229 [Nr. 13-16] (23.05.2019).

Nr.	Prüffrage	Beachtet Ja	Beachtet Nein	Bemerkungen
Allgemeine Anforderungen an Prüfungen und Kontrollen				
1.	Wird durch Prüfungen sichergestellt, dass die betriebseigenen Arbeitsmittel und überwachungsbedürftigen Anlagen den Anforderungen der Betriebssicherheitsverordnung entsprechen?	☐	☐	
2.	Wird geprüft, ob im Unternehmen Arbeitsmittel oder Teile von Arbeitsmitteln vorhanden sind, für die Prüfungen nach anderen Rechtsbereichen erforderlich sind?	☐	☐	
3.	Erfolgt bei Arbeitsmitteln nach Prüffrage 2 eine Übernahme der ermittelten Prüfergebnisse nur nachdem überprüft und sichergestellt wurde, ob bzw. dass beim betreffenden anderen Rechtsbereich • das zu prüfende Arbeitsmittel, • der Prüfumfang, • die Prüfmethoden, • die Prüfaussage, • die Qualifikation und Unabhängigkeit des Prüfers sowie • die Zielsetzung der Prüfung mit denen der BetrSichV übereinstimmen?	☐ ☐ ☐ ☐ ☐ ☐	☐ ☐ ☐ ☐ ☐ ☐	
4.	Sind in der Gefährdungsbeurteilung zum Arbeitsmittel Festlegungen bezüglich Art und Umfang und ggf. Fristen erforderlicher Prüfungen unter Berücksichtigung der jeweiligen Beanspruchung enthalten und zu beachten?	☐	☐	
5.	Werden zur Festlegung erforderlicher Prüfungen und Kontrollen nach Prüffrage 4 im Rahmen der Gefährdungsbeurteilung folgende Erkenntnisquellen berücksichtigt? • BetrSichV und insb. deren Vorgaben für – die Festlegung von Art und Umfang erforderlicher Prüfungen und Kontrollen von Arbeitsmitteln	☐	☐	

Nr.	Prüffrage	Beachtet Ja	Beachtet Nein	Bemerkungen
	– die Festlegung von Art und Umfang erforderlicher Prüfungen und Kontrollen überwachungsbedürftiger Anlagen und besonderer Arbeitsmittel nach Anhang 3	☐	☐	
	• Informationen des Herstellers zum Prüfgegenstand, z. B. Betriebsanleitung	☐	☐	
	• Regeln und Empfehlungen des Ausschusses für Betriebssicherheit (TRBS und EmpfBS)	☐	☐	
	• Regelwerke der gesetzlichen Unfallversicherungsträger sowie der BAuA	☐	☐	
	• praxisbewährte Erkenntnisquellen (z. B. Veröffentlichungen von Industrieverbänden und Branchenstandards)	☐	☐	
6.	Werden zur Festlegung, ob an einem Arbeitsmittel (AM) wiederkehrende Prüfungen erforderlich sind, folgende Kriterien nach § 14 Abs. 2 BetrSichV fallspezifisch bewertet?			
	• schädigende Einflüsse durch die tatsächliche Verwendung des Arbeitsmittels (Betriebsbedingungen)	☐	☐	
	• Arbeitsgegenstände, an denen mit den Arbeitsmitteln gearbeitet wird	☐	☐	
	• Arbeitsumgebung für den Einsatz des Arbeitsmittels	☐	☐	
	• Auswahl und Qualifikation der Beschäftigten, die das Arbeitsmittel verwenden	☐	☐	
	• Gestaltung des Arbeitsablaufs hinsichtlich der zuverlässigen Durchführung von Kontrollen	☐	☐	
7.	Wird vor Beginn der Prüfung sichergestellt, dass die zur Durchführung der Prüfung erforderlichen Unterlagen vorhanden und plausibel sind?	☐	☐	Für Arbeitsmittel reicht nach Maßgabe der Gefährdungsbeurteilung eine Betriebsanweisung, Betriebsanleitung oder Gebrauchsanleitung aus. Für Prüfungen an überwachungsbedürftigen Anlagen sind die Vorgaben der TRBS 1201 Teile 1 bis 4 zu beachten.
8.	Wird im Rahmen der Ordnungsprüfung geprüft, ob			Prüfungen nach § 14 BetrSichV bestehen aus einer Ordnungsprüfung gemäß Nummer 2.3 und einer technischen Prüfung gemäß Nummer 2.4.
	• das Arbeitsmittel gemäß den Festlegungen in der Gefährdungsbeurteilung eingesetzt und verwendet wird?	☐	☐	
	• die festgelegten organisatorischen Maßnahmen geeignet sind?	☐	☐	
	• Prüfumfang und Prüffrist definiert sind?	☐	☐	
	• die technischen Unterlagen mit der Ausführung übereinstimmen?	☐	☐	
	• die Beschaffenheit des Arbeitsmittels oder die Betriebsbedingungen seit der letzten Prüfung geändert wurden?	☐	☐	
	• (falls zutreffend) die von Behörden entsprechend dem Genehmigungsbescheid erteilten Auflagen eingehalten sind?	☐	☐	

Nr.	Prüffrage	Beachtet Ja	Beachtet Nein	Bemerkungen
9.	Werden im Rahmen der technischen Prüfung die sicherheitstechnisch relevanten Merkmale eines Arbeitsmittels anhand der folgenden Prüfarten (sofern zutreffend) ausgewertet? • äußere oder innere Sichtprüfung auf Vorhandensein und Zustand sicherheitsrelevanter Merkmale • Prüfung der Funktionsfähigkeit der Schutz- und Sicherheitseinrichtungen • Prüfung mit Mess- und Prüfmitteln • labortechnische Untersuchung • zerstörungsfreie Prüfung • Prüfung mit datentechnisch verknüpften Messsystemen	☐ ☐ ☐ ☐ ☐ ☐	☐ ☐ ☐ ☐ ☐ ☐	Die technische Prüfung ist unter den erforderlichen technisch-organisatorischen Rahmenbedingungen durchzuführen – ggf. mit Zerlegung und ordnungsgemäßem Zusammenbau des Arbeitsmittels verbunden.
10.	Wird für den Fall, dass Teilprüfungen an Arbeitsmitteln durchgeführt werden, organisatorisch sichergestellt, dass • das Arbeitsmittel innerhalb der festgelegten Fristen und Umfänge als Ganzes geprüft wird? • dokumentiert wird, welche Schnittstellen zwischen den Teilprüfungen bestehen?	 ☐ ☐	 ☐ ☐	Gemäß Abschn. 3.1 Abs. 5 der TRBS 1201 darf die Prüfung eines Arbeitsmittels auch in Teilprüfungen erfolgen (z. B. bezüglich elektrischer und mechanischer Gefährdungen).

Ermittlung der Prüfpflicht bei Änderungen

Nr.	Prüffrage	Ja	Nein	Bemerkungen
11.	Wird im Fall einer Änderung an einem Arbeitsmittel im Rahmen der Gefährdungsbeurteilung ausgewertet, ob diese Maßnahme eine prüfpflichtige Änderung ist, weil sie • eine Folgewirkung auf die Sicherheit des Arbeitsmittels hat bzw. haben könnte? • die Bauart oder die Betriebsweise einer überwachungsbedürftigen Anlage beeinflusst? • neue Wechselwirkungen mit anderen Arbeitsmitteln zur Folge hat? • neue Wechselwirkungen mit der Arbeitsumgebung oder den Arbeitsgegenständen bewirkt, an denen Tätigkeiten mit Arbeitsmitteln durchgeführt werden?	 ☐ ☐ ☐ ☐	 ☐ ☐ ☐ ☐	Forderung gem. § 10 Abs. 5 BetrSichV
12.	Wird zur Einhaltung der vorgegebenen Prüfpflichten gem. §§ 14 und 15 BetrSichV geprüft, ob • die Montage bzw. Installation vorschriftsmäßig ist? (§ 14 Abs. 1 Nr. 1 BetrSichV) • die getroffenen sicherheitstechnischen Maßnahmen geeignet und funktionsfähig sind? (§ 14 Abs. 1 Nr. 3 BetrSichV) • für die Prüfung erforderliche technische Unterlagen (z. B. CE-Erklärung) vorhanden und plausibel sind? (§ 15 Abs. 1 Nr. 1 BetrSichV) • sich die Anlage auch unter Berücksichtigung der Aufstellbedingungen in einem sicheren Zustand befindet? (§ 15 Abs. 1 Nr. 2 BetrSichV)	 ☐ ☐ ☐ ☐	 ☐ ☐ ☐ ☐	

Nr.	Prüffrage	Beachtet Ja	Beachtet Nein	Bemerkungen
13.	Wird bei sicherheitsrelevanten Änderungen berücksichtigt, dass sich aus anderen Rechtsvorschriften Herstellerpflichten ergeben können, die zu beachten sind?	☐	☐	Zu betreffenden Rechtsvorschriften zählen insb. das Produktsicherheitsgesetz (ProdSG) bzw. Verordnungen nach § 8 Abs. 1 ProdSG (§ 10 Abs. 5 Satz 4 BetrSichV). Eine Überprüfung der Gefährdungsbeurteilung ist auch in diesem Fall erforderlich.
14.	Wird bei überwachungsbedürftigen Anlagen geprüft, ob in den weiteren jeweils einschlägigen TRBS zusätzliche zu beachtende Festlegungen bestehen?	☐	☐	
15.	Wird bei nichtprüfpflichtigen Änderungen nach Abschluss der Arbeiten sichergestellt, dass • alle Arbeits- und Hilfsmittel entfernt wurden? • sich das Arbeitsmittel wieder in einem sicheren Zustand befindet? • alle für den Normalbetrieb getroffenen technischen Schutzmaßnahmen wieder vollständig vorhanden und funktionsfähig sind?	☐ ☐ ☐	☐ ☐ ☐	

Festlegung von Art und Umfang erforderlicher Prüfungen

Nr.	Prüffrage	Beachtet Ja	Beachtet Nein	Bemerkungen
16.	Enthält die Gefährdungsbeurteilung Festlegungen zu folgenden Punkten: • Art und Umfang der erforderlichen Kontrollen? • Art und Umfang der erforderlichen Prüfungen unter Berücksichtigung ihrer Zielsetzung? • Angaben zum Soll-Zustand für die sichere Verwendung des Arbeitsmittels? • zu prüfende Merkmale in Abhängigkeit von den Erfordernissen der bestimmungsgemäßen Verwendung und den erforderlichen Eigenschaften?	☐ ☐ ☐ ☐	☐ ☐ ☐ ☐	
17.	Werden bei der Auswahl der anzuwendenden Prüfverfahren folgende Punkte berücksichtigt: • evtl. physikalische Anwendungsgrenzen (z. B. Prüfspannungen)? • zulässige Abweichungen vom Soll-Zustand (z. B. Isolationswiderstände)? • mögliche Schädigungsmechanismen (z. B. Verschleiß oder Korrosion, Verformung durch Überlast)?	☐ ☐ ☐	☐ ☐ ☐	
18.	Ist organisatorisch sichergestellt, dass Arbeitsmittel oder Teile davon, bei denen im Rahmen einer Prüfung sicherheitsrelevante Abweichungen vom Sollzustand festgestellt wurden, die zur Gefährdung von Beschäftigten führen, der Weiterverwendung entzogen werden?	☐	☐	
19.	Ist organisatorisch geregelt, dass vor Wiederverwendung der Arbeitsmittel nach Prüffrage 18 geprüft und sichergestellt wurde, ob bzw. dass die Abweichungen vom Soll-Zustand beseitigt sind?	☐	☐	

Nr.	Prüffrage	Beachtet Ja	Beachtet Nein	Bemerkungen
20.	Werden zur Festlegung des Prüfumfangs im Rahmen der Gefährdungsbeurteilung (unter Berücksichtigung der Erfordernisse zur bestimmungsgemäßen Verwendung und der hierfür erforderlichen Eigenschaften) folgende Parameter bewertet: • mögliche Schädigungsmechanismen und Abweichungen vom Soll-Zustand? • Prüfverfahren, mit denen Abweichungen vom Soll-Zustand erkannt werden können? • erforderliche Hilfsmittel?	☐ ☐ ☐	☐ ☐ ☐	
21.	Wird bei Prüfungen, die mit einer Kombination von verschiedenen Prüfverfahren oder in mehreren aufeinander abgestimmten Teilprüfungen durchgeführt werden, das Zusammenwirken von Teilen des Arbeitsmittels berücksichtigt?	☐	☐	
22.	Wird bei Prüfungen, die zu unterschiedlichen Zeitpunkten durchgeführt werden (Teilprüfungen), gewährleistet, dass sie innerhalb der festgesetzten maximalen Prüffrist abgeschlossen sind?	☐	☐	
23.	Wird bei überwachungsbedürftigen Anlagen • der Prüfumfang unter Berücksichtigung der Präzisierungen in den TRBS 1201 Teile 1 bis 4 festgelegt? • die Eignung der in der Gefährdungsbeurteilung festgelegten organisatorischen Schutzmaßnahmen anhand einer Ordnungsprüfung sichergestellt? • die Eignung und Funktionsfähigkeit der in der Gefährdungsbeurteilung festgelegten technischen Schutzmaßnahmen anhand einer technischen Prüfung sichergestellt?	☐ ☐ ☐	☐ ☐ ☐	
24.	Ist organisatorisch geregelt, dass die Festlegungen in der Gefährdungsbeurteilung bezüglich der erforderlichen Kontrollen sowie deren Art und Umfang beachtet werden?	☐	☐	
Kontrollen				
25.	Ist organisatorisch sichergestellt, dass Arbeitsmittel vor ihrer jeweiligen Verwendung regelmäßigen Kontrollen auf offensichtliche Mängel, die die sichere Verwendung beeinträchtigen können, unterzogen werden?	☐	☐	
26.	Wird die Funktionsfähigkeit der Schutz- und Sicherheitseinrichtungen regelmäßigen Kontrollen unterzogen?	☐	☐	Kontrollen der Funktionsfähigkeit können auch durch automatische Überwachungseinrichtungen erfolgen.
27.	Ist organisatorisch sichergestellt, dass • die Gefährdungsbeurteilung sowie • die Wirksamkeit der in der Gefährdungsbeurteilung festgelegten Schutzmaßnahmen regelmäßig und entsprechend den Vorgaben in TRBS 1111 überprüft werden?	☐ ☐	☐ ☐	

Nr.	Prüffrage	Beachtet Ja	Beachtet Nein	Bemerkungen
28.	Ist organisatorisch sichergestellt, dass für die regelmäßige Kontrolle der Funktionsfähigkeit von Schutz- und Sicherheitseinrichtungen			Die Kontrollen dürfen auch im Rahmen von Instandhaltungsmaßnahmen oder von regelmäßigen Prüfungen des Arbeitsmittels durchgeführt werden.
	• Zeitintervalle oder Anlässe festgelegt sind und eingehalten werden?	☐	☐	
	• eine Dokumentation in geeigneter Weise geführt und gepflegt wird?	☐	☐	
29.	Wird, falls die regelmäßige Funktionskontrolle nicht durchführbar ist, geprüft und sichergestellt, ob bzw. dass die			Die Funktionskontrolle ist z. B. nicht durchführbar, wenn das Auslösen der Schutz- und Sicherheitseinrichtungen zu ihrem Außerkraftsetzen bzw. zu einer Unterbrechung der weiteren Verwendung des Arbeitsmittels führen würde oder nur durch das Herbeiführen eines unzulässigen Betriebszustands erfolgen kann.
	• Einbaubedingungen weiter eingehalten sind?	☐	☐	
	• Schutz- und Sicherheitseinrichtungen in dem im Ergebnis der Gefährdungsbeurteilung festgelegten Zustand sind?	☐	☐	
30.	Sind für die Kontrolle folgender Arbeitsmittel entsprechende Festlegungen getroffen?			
	• Arbeitsmittel zum Heben von Lasten (Kontrolle der Maßnahmen zum Schutz vor Gefährdungen durch eingewiesene Beschäftigte)	☐	☐	
	• Lastaufnahmemittel (Kontrolle an jedem Arbeitstag auf einwandfreien Zustand)	☐	☐	
	• Aufzugsanlagen (regelmäßige Kontrollen auf offensichtliche sicherheitsrelevante Mängel)	☐	☐	

Festlegung der Fristen für Prüfungen und Kontrollen

Nr.	Prüffrage	Ja	Nein	Bemerkungen
31.	Sind in der Gefährdungsbeurteilung für Arbeitsmittel, die Schäden verursachenden Einflüssen unterliegen, die zu Gefährdungen der Beschäftigten führen können, Prüffristen festgelegt?	☐	☐	Eine Festlegung von Prüffristen für Prüfungen nach § 14 BetrSichV ist nur für Arbeitsmittel, die Schäden verursachenden Einflüssen unterliegen, die zu Gefährdungen der Beschäftigten führen können, erforderlich (§ 14 Abs. 2 BetrSichV).
32.	Werden bei der Festlegung von Prüffristen folgende Kriterien berücksichtigt:			
	• Einsatzbedingungen bei Verwendung (Art, Häufigkeit und Dauer der Benutzung/Beanspruchung, Qualifikation der Beschäftigten usw.)?	☐	☐	
	• Herstellerhinweise gemäß Betriebsanleitung?	☐	☐	
	• Schädigungsmechanismen und Erfahrungen mit einem eventuellen Ausfallverhalten des Arbeitsmittels?	☐	☐	
	• Unfallgeschehen oder Häufung von Mängeln an vergleichbaren Arbeitsmitteln?	☐	☐	
33.	Ist mit der festgelegten Prüffrist sichergestellt, dass das Arbeitsmittel im Zeitraum zwischen zwei Prüfungen sicher verwendet werden kann?	☐	☐	
34.	Wird anhand der Ergebnisse durchgeführter Prüfungen überprüft, ob eine Verlängerung oder Verkürzung der zuvor festgelegten Prüffristen erforderlich/sinnvoll ist und wird – falls zutreffend – eine neue Prüffrist festgelegt?	☐	☐	Als Maß für die ausreichende Bemessung von Prüffristen, z. B. für elektrische Arbeitsmittel, können die Fehlerquote oder die festgelegten Toleranzwerte für Abweichungen vom Soll-Zustand herangezogen werden.

Nr.	Prüffrage	Beachtet Ja	Beachtet Nein	Bemerkungen
35.	Ist organisatorisch geregelt, dass zum Fälligkeitstermin der wiederkehrenden Prüfung außer Betrieb gesetzte Arbeitsmittel erst nach Durchführung der Prüfung wieder in Betrieb genommen werden?	☐	☐	In diesem Fall beginnt die Frist für die nächste wiederkehrende Prüfung mit dem Termin der Prüfung (§ 14 Abs. 5 Satz 5 BetrSichV).
36.	Wird im Rahmen der Prüfung elektrischer Anlagen überprüft, ob die festgelegten Prüffristen angemessen sind?	☐	☐	
37.	Wird für überwachungsbedürftige Anlagen, bei denen anhand von Prüfungen festgestellt wurde, dass sie nicht bis zu der ermittelten nächsten wiederkehrenden Prüfung sicher betrieben werden können, gewährleistet, dass • die Gefährdungsbeurteilung überprüft wird? • ggf. weitere Maßnahmen unverzüglich festgelegt werden? • die Prüffristen entsprechend geändert werden?	☐ ☐ ☐	☐ ☐ ☐	
38.	Wird vor einer anstehenden Prüfung von Anlagenteilen im Rahmen einer geplanten Anlagenrevision überprüft, ob ggf. eine Verlängerung der in Anhang 2 Abschnitt 2 bis 4 BetrSichV genannten Fristen bei der zuständigen Behörde beantragt werden sollte?	☐	☐	
Festlegung von Personen, die Prüfungen oder Kontrollen durchführen				
39.	Ist sichergestellt, dass Prüfungen von Arbeitsmitteln gem. § 14 BetrSichV von hierzu befähigten Personen durchgeführt werden, deren Qualifikation für die Schwierigkeit und Komplexität der Prüfaufgabe angemessen ist?	☐	☐	Vgl. Anforderungen nach TRBS 1203. Die erforderliche Qualifikation einer zur Prüfung befähigten Person richtet sich nach der Schwierigkeit und Komplexität der Prüfaufgabe.
40.	Wird gem. § 3 Abs. 6 BetrSichV ermittelt und festgelegt, welche Voraussetzungen die Personen erfüllen müssen, die mit Prüfungen von Arbeitsmitteln beauftragt werden?	☐	☐	
41.	Wird (v. a. bei überwachungsbedürftigen Anlagen) vor der Prüfung kontrolliert, ob diese von einer befähigten Person übernommen oder nur durch eine zugelassene Überwachungsstelle nach Anhang 2 Abschnitt 1 durchgeführt werden darf?	☐	☐	
42.	Ist im Vorfeld der Prüfung und Kontrolle organisatorisch sichergestellt, dass • die für die Prüfung erforderlichen Hilfsmittel und Unterlagen (z. B. Prüfpläne, Stromlaufpläne, Festlegungen zu getroffenen organisatorischen und technischen Schutzmaßnahmen) bereitgestellt sind?	☐	☐	

Nr.	Prüffrage	Beachtet Ja	Beachtet Nein	Bemerkungen
	• die Zugänglichkeit zu dem zu prüfenden oder kontrollierenden Arbeitsmittel gewährleistet ist?	☐	☐	
	• für die Prüf- oder Kontrolltätigkeit eine ausreichend bemessene Zeit eingeplant wurde?	☐	☐	
	• die Beschäftigten über die anstehende Prüfung informiert wurden?	☐	☐	
	• die erforderlichen Arbeitsbedingungen für die sichere Prüfung oder Kontrolle geschaffen wurden?	☐	☐	
43.	Ist organisatorisch sichergestellt, dass bei externer Vergabe eines Prüfauftrags eine genaue Abstimmung über Prüfart, -tiefe und -umfang sowie über die Zulässigkeitsgrenzen der beabsichtigten Prüfverfahren mit dem Auftragnehmer stattfindet?	☐	☐	
44.	Wird der ermittelte Ist-Zustand durch Vergleich mit dem Soll-Zustand bewertet und enthält diese Bewertung eine Aussage darüber, ob und unter welchen Bedingungen das Arbeitsmittel weiterhin sicher benutzt werden kann?	☐	☐	
45.	Wird die in der Gefährdungsbeurteilung festgelegte Prüffrist überprüft?	☐	☐	
Dokumentation				
46.	Ist organisatorisch sichergestellt, dass für jede Prüfung • Einzelheiten zur Durchführung sowie • die erzielten Ergebnisse dokumentiert werden?	☐ ☐	☐ ☐	
47.	Wird gewährleistet, dass die Aufzeichnungen mindestens die folgenden Angaben enthalten? • Art der Prüfung • Anlass der Prüfung (Erstprüfung, wiederkehrende Prüfung, Prüfung nach prüfpflichtiger Änderung) • Prüfumfang • Prüfergebnis • Name und Unterschrift der zur Prüfung befähigten Person (bei elektronisch übermittelten Dokumenten elektronische Signatur)	☐ ☐ ☐ ☐ ☐	☐ ☐ ☐ ☐ ☐	
48.	Ist organisatorisch sichergestellt, dass die Aufzeichnungen • mindestens bis zur nächsten Prüfung • (zu Arbeitsmitteln nach Anhang 3 BetrSichV) über die gesamte Verwendungsdauer des Arbeitsmittels aufbewahrt werden?	☐ ☐	☐ ☐	

Datum, Unterschrift des Prüfers: _____

Checkliste
Auswahl zur Prüfung befähigter Personen für Arbeitsmittel mit elektrischen Komponenten gemäß neuer TRBS 1203

Firma/Einrichtung: _____

Name des Prüfers: _____

Ort/Datum: _____ , den _____
(Ort) (Datum)

Nr.	Prüffrage	Beachtet Ja	Beachtet Nein	Bemerkungen
Allgemeine Anforderungen an zur Prüfung befähigte Personen				
1.	Ist ermittelt und festgelegt, welche Voraussetzungen die zu bestellende zur Prüfung befähigte Person erfüllen muss, um die Schwierigkeit bzw. Komplexität der Prüfaufgabe meistern und die Prüfung sachgerecht durchführen zu können?	☐	☐	
2.	Ist geprüft und sicherstellt, dass die zur Prüfung befähigte Person aufgrund ihrer Qualifikation und Erfahrung die ihr übertragenen Prüfaufgaben			Die Anforderungen an die Befähigung können in Abhängigkeit von der Prüfaufgabe (z. B. Prüfumfang, Prüfanlass, Nutzung bestimmter Messgeräte) variieren.
	• dem Stand der Technik entsprechend durchführen kann?	☐	☐	
	• mit dem entsprechenden Prüfumfang zuverlässig und sorgfältig durchführen kann?	☐	☐	
3.	Ist geprüft und sicherstellt, ob bzw. dass die Befähigung der zu bestellenden Person ausreicht, sodass diese hinsichtlich der übertragenen Prüfaufgaben			
	• Abweichungen des Ist-Zustands vom Soll-Zustand erkennen, bewerten und das Ergebnis dokumentieren kann?	☐	☐	
	• die bei der vorgesehenen Verwendung des Arbeitsmittels auftretenden Gefährdungen beurteilen kann?	☐	☐	
	• Art und Umfang der erforderlichen Prüfungen kennt, die in der Gefährdungsbeurteilung festgelegt wurden?	☐	☐	
	• die Eignung der vorgesehenen Prüfverfahren für die Prüfaufgabe beurteilen sowie die Prüfverfahren korrekt anwenden kann?	☐	☐	
	• alle Schutzmaßnahmen kennt, die zur sicheren Durchführung der Prüfung erforderlich sind?	☐	☐	
4.	Wird geprüft, ob für die Prüfaufgabe eine umfassende Befähigung (z. B. für hydraulische Prüfanteile) erforderlich ist, die die Bestellung einer weiteren entsprechend qualifizierten befähigten Person erfordert?	☐	☐	Es können auch mehrere zur Prüfung befähigte Personen mit eindeutig abgegrenzten Prüfaufgaben beauftragt werden. Hierzu ist vom Arbeitgeber sicherzustellen, dass Personen mit der jeweils erforderlichen Qualifikation eingesetzt werden.

Nr.	Prüffrage	Beachtet Ja	Beachtet Nein	Bemerkungen
5.	Wird bei Prüfaufgaben, die den Einsatz verschiedener befähigter Personen erfordern, sichergestellt, dass die Prüfung des Arbeitsmittels als Ganzes entsprechend den festgelegten Umfängen sowie innerhalb der festgelegten Fristen erfolgt?	☐	☐	
6.	Wird bei der Beauftragung von Fremdfirmen mit Prüfungen nach BetrSichV überprüft und sichergestellt, dass der Auftragnehmer die erforderlichen Anforderungen an die Befähigung erfüllt?	☐	☐	Auch bei der Beauftragung von Fremdfirmen trägt der Arbeitgeber die Verantwortung dafür, dass die jeweilige zur Prüfung befähigte Person über eine ausreichende Qualifikation für die sachgerechte Durchführung der Prüfung der Arbeitsmittel verfügt.

Anforderungen an zur Prüfung befähigte Personen für Arbeitsmittel mit elektrischen Komponenten

Berufsausbildung

Nr.	Prüffrage	Ja	Nein	Bemerkungen
7.	Kann die zu bestellende zur Prüfung befähigte Person für die Prüfung der Maßnahmen zum Schutz vor elektrischen Gefährdungen folgende Qualifikationen nachweisen?			Die Qualifikation soll durch Berufsabschlüsse oder vergleichbare Qualifikationsnachweise belegt sein. Als abgeschlossene elektrotechnische Berufsausbildungen gelten z. B.: Elektroniker der Fachrichtungen Energie- und Gebäudetechnik, Automatisierungstechnik oder Informations- und Telekommunikationstechnik, Systemelektroniker, Informationselektroniker Schwerpunkt Bürosystemtechnik oder Geräte- und Systemtechnik, Elektroniker für Maschinen und Antriebstechnik sowie vergleichbare industrielle oder handwerkliche Ausbildungen.
	• eine abgeschlossene elektrotechnische Berufsausbildung	☐	☐	
	• ein abgeschlossenes Studium der Elektrotechnik	☐	☐	
	• eine sonstige für die Schwierigkeit bzw. Komplexität der vorgesehenen Prüfaufgaben ausreichende elektrotechnische Qualifikation	☐	☐	

Berufserfahrung

Nr.	Prüffrage	Ja	Nein	Bemerkungen
8.	Verfügt die zur Prüfung befähigte Person für die Prüfung der Maßnahmen zum Schutz vor elektrischen Gefährdungen über			
	• eine elektrotechnische Berufsausbildung gemäß Prüffrage 7 und	☐	☐	
	• eine mindestens einjährige praktische Erfahrung mit der Errichtung, dem Zusammenbau oder der Instandhaltung von Arbeitsmitteln mit elektrischen Komponenten?	☐	☐	
9.	Verfügt die zur Prüfung befähigte Person über praktische Erfahrung mit vergleichbaren Arbeitsmitteln über einen angemessenen Zeitraum und ist sie demnach u. a. vertraut mit			
	• den Anlässen, die Prüfungen auslösen?	☐	☐	
	• der vorschriftsmäßigen Montage oder Installation und der sicheren Funktion des zu prüfenden Arbeitsmittels (insbesondere von dessen Schutzeinrichtungen)?	☐	☐	
	• Schäden verursachenden Einflüssen, denen das Arbeitsmittel bei der Verwendung ausgesetzt sein kann?	☐	☐	
	• typischen Schäden und sich dadurch ergebenden Gefährdungen für die Beschäftigten?	☐	☐	

Nr.	Prüffrage	Beachtet Ja	Beachtet Nein	Bemerkungen
	• außergewöhnlichen Ereignissen, die das zu prüfende Arbeitsmittel betreffen und schädigende Auswirkungen auf dessen Sicherheit haben können?	☐	☐	
	• Erfahrungswerten aus der Prüfung vergleichbarer Arbeitsmittel?	☐	☐	
Zeitnahe berufliche Tätigkeit				
10.	Kann die zur Prüfung befähigte Person folgende Tätigkeiten im Umfeld der anstehenden Prüfung des zu prüfenden Arbeitsmittels nachweisen?			Bei längerer Unterbrechung der Prüftätigkeit müssen ggf. erneut Erfahrungen mit Prüfungen gesammelt und die erforderlichen Kenntnisse aktualisiert werden.
	• Reparatur-, Service- und Wartungsarbeiten und abschließende Prüfung an elektrischen Geräten	☐	☐	
	• Prüfung elektrischer Betriebsmittel in der Industrie, z. B. in Laboratorien, an Prüfplätzen	☐	☐	
	• Instandsetzung und Prüfung von elektrischen Arbeitsmitteln	☐	☐	
	• Durchführung von oder Beteiligung an mehreren Prüfungen pro Jahr	☐	☐	
	• Erfahrung mit der Durchführung vergleichbarer Prüfungen	☐	☐	
	• Kenntnisse im Umgang mit Prüfmitteln	☐	☐	
	• Kenntnisse zum Stand der Technik hinsichtlich der sicheren Verwendung des zu prüfenden Arbeitsmittels und der zu betrachtenden Gefährdungen	☐	☐	
	• Kenntnisse, um den Ist-Zustand ermitteln und mit dem vom Arbeitgeber festgelegten Soll-Zustand vergleichen sowie die Abweichung des Ist-Zustands vom Soll-Zustand bewerten zu können	☐	☐	
11.	Ist zum Erhalt der Prüfpraxis gewährleistet, dass die zur Prüfung befähigte Person für die Prüfungen der Maßnahmen zum Schutz vor elektrischen Gefährdungen ihre Kenntnisse der Elektrotechnik aktualisiert?	☐	☐	Dies erfolgt z. B. durch Teilnahme an fachspezifischen Schulungen oder an einem einschlägigen Erfahrungsaustausch. Beides kann auch innerbetrieblich erfolgen, wenn die erforderliche Fachkunde im Unternehmen zur Verfügung steht.

Datum, Unterschrift des Prüfers: _____

Prüfliste
Anforderungen an elektrische Anlagen und Betriebsmittel nach DGUV Vorschrift 3 bzw. 4

Firma: _____

Betriebsteil: _____

Name des Prüfers: _____

Ort/Datum: _____, _____
          (Ort)   (Datum)

Mithilfe der nachfolgenden Checkliste kann überprüft werden, ob und wie weit die Anforderungen der DGUV Vorschrift 3 bzw. 4 bereits in die betriebliche Organisation eingebunden wurden.
In der Checkliste werden nur dort, wo inhaltliche Doppelungen zur Betriebssicherheitsverordnung bestehen, Bezüge zur BetrSichV aufgezeigt.

Nr.	Prüffrage	Beachtet Ja	Beachtet Nein	Bemerkungen
Allgemeine Anforderungen an Prüfungen und Kontrollen				
1.	Verfügen Personen, die mit der Durchführung elektrotechnischer Arbeiten beauftragt werden, über die jeweils hierfür erforderliche Berufsausbildung sowie über die notwendigen Kenntnisse und Erfahrungen? § 2 Abs. 3 DGUV Vorschrift 3 bzw. 4	☐	☐	Der Abschluss einer elektrotechnischen Berufsausbildung reicht allein nicht aus, um als Elektrofachkraft i. S. d. Unfallverhütungsvorschrift gelten zu können. Hierzu bedarf es auch der Kenntnis aktueller und relevanter Normen sowie des Erwerbs ausreichender Kenntnisse, um die Arbeiten beurteilen und Gefahren erkennen zu können.
2.	Wird für den Fachkundeerhalt der Beschäftigten Sorge getragen und werden sie nach den arbeitsschutzrechtlichen Regelungen unterwiesen? § 12 ArbSchG, § 9 BetrSichV, § 4 DGUV Vorschrift 1, § 2 Abs. 3 DGUV Vorschrift 3 bzw. 4	☐	☐	Der Unternehmer muss den Fachkundeerhalt und die jährliche Unterweisung zu Themen des Arbeits- und Gesundheitsschutzes gewährleisten. Der Fachkundeerhalt ist i. d. R. sichergestellt, wenn die Beschäftigten die Möglichkeit zur Teilnahme an Seminaren, Erfahrungsaustauschen, Fachmessen u. Ä. erhalten. Die Unterweisung umfasst Anweisungen und Erläuterungen, die eigens auf den Arbeitsplatz oder den Aufgabenbereich der Beschäftigten ausgerichtet sind. Sie muss an die Gefährdungsentwicklung angepasst sein und regelmäßig wiederholt werden.
3.	Ist gewährleistet, dass elektrische Anlagen und Betriebsmittel nur von einer Elektrofachkraft oder unter Leitung und Aufsicht einer Elektrofachkraft entsprechend den elektrotechnischen Regeln errichtet, geändert, instand gehalten und betrieben werden? § 3 Abs. 1 DGUV Vorschrift 3 bzw. 4	☐	☐	Leitung und Aufsicht durch eine Elektrofachkraft umfassen alle Tätigkeiten, die erforderlich sind, damit Arbeiten an elektrischen Anlagen und Betriebsmitteln von Personen, die nicht über die Kenntnisse und Erfahrungen einer Elektrofachkraft verfügen, sachgerecht und sicher durchgeführt werden können. Die Leitung/Aufsicht führende Person muss nicht ständig vor Ort sein, es sei denn, die Art der Aufgabe bzw. die Gefährdung macht eine unmittelbare Beaufsichtigung notwendig.
4.	Wurden der Elektrofachkraft, die für die Umsetzung der Vorgaben nach Prüffrage 3 verantwortlich ist, auch die hierzu notwendigen Mittel übertragen?	☐	☐	Die eigenverantwortliche Erfüllung von Aufgaben setzt die hierfür notwendigen Mittel (Befugnisse, Kompetenzen, zeitliche Ressourcen, Geldmittel u. a.) voraus.

Nr.	Prüffrage	Beachtet Ja	Beachtet Nein	Bemerkungen
5.	Wird dafür Sorge getragen, dass die elektrischen Anlagen und Betriebsmittel den elektrotechnischen Regeln entsprechend betrieben werden? § 3 Abs. 1 DGUV Vorschrift 3 bzw. 4	☐	☐	Das Betreiben umfasst alle elektrotechnischen und nichtelektrotechnischen Tätigkeiten (Bedienen und Arbeiten) an und in elektrischen Anlagen sowie an und mit elektrischen Betriebsmitteln.
6.	Werden Gefährdungsbeurteilungen nach den Vorgaben des ArbSchG nebst deren Verordnungen sowie auf Grundlage der DGUV Vorschrift 1 durchgeführt? § 5 ArbSchG, § 3 BetrSichV, § 3 DGUV Vorschrift 1	☐	☐	Durch eine Beurteilung der Gefährdung ist zu ermitteln, welche Maßnahmen des Arbeitsschutzes erforderlich sind. Die Beurteilung hat je nach Art der Tätigkeiten zu erfolgen. Bei gleichartigen Arbeitsbedingungen ist die Beurteilung eines Arbeitsplatzes oder einer Tätigkeit ausreichend.
7.	Ist organisatorisch sichergestellt, dass die Gefährdungsbeurteilungen regelmäßig überprüft und angepasst werden? § 3 ArbSchG, § 3 BetrSichV, § 3 DGUV Vorschrift 1	☐	☐	Für elektrische Betriebsmittel, die auch Arbeitsmittel i. S. d. BetrSichV sind, ist die Gefährdungsbeurteilung vor ihrer ersten Verwendung zu erstellen sowie unverzüglich anzupassen, wenn neue Informationen (z. B. sicherheitsrelevante Veränderungen der Arbeitsbedingungen, Erkenntnisse aus dem Unfallgeschehen oder den Prüfungen) vorliegen. Auch wenn keine Änderungen oder neuen Informationen vorliegen, sind Gefährdungsbeurteilungen regelmäßig auf ihre Aktualität zu prüfen.
8.	Ist es für den ordnungsgemäßen Betrieb der elektrischen Anlage und der Betriebsmittel notwendig, eine verantwortliche Elektrofachkraft (VEFK) schriftlich zu bestellen, und ist dies erfolgt? DIN VDE 1000-10, § 13 i. V. m. § 7 DGUV Vorschrift 1	☐	☐	Die Erfordernis, eine verantwortliche Elektrofachkraft zu bestellen, ergibt sich i. d. R., wenn der Unternehmer selbst nicht Elektrofachkraft i. S. d. § 2 Abs. 3 der DGUV Vorschrift 3 bzw. 4 ist und ein eigenständiger elektrotechnischer Betrieb oder ein Betriebsteil innerhalb eines Unternehmens geleitet werden muss.
9.	Wird für die Durchführung von Arbeiten an elektrischen Anlagen ein Anlagenverantwortlicher bestellt und ist für die Anlagen ein Anlagenbetreiber benannt? DIN VDE 0105-100 Punkt 3.2.2.102 und Punkt 3.2.2.101	☐	☐	Unter „Anlagenverantwortlicher" wird bei dieser Frage ausschließlich die Verantwortung für den elektrotechnischen Anlagenteil verstanden. Anlagenverantwortliche gewährleisten den sicheren Betrieb der elektrischen Anlage in ihrer Zuständigkeit (u. a. die Koordinierung, wer wann Arbeiten an der elektrischen Anlage durchführen darf). Sofern ein Unternehmer die Verantwortung für eine elektrische Anlage nicht überträgt, bleibt er als Anlagenbetreiber in Gänze für die elektrische Anlage verantwortlich.
10.	Ist für alle im Betrieb tätigen elektrotechnisch unterwiesenen Personen (EuP) (soweit zutreffend) eine Elektrofachkraft mit ihrer Leitung, Aufsicht und Unterweisung beauftragt worden? DA zu § 3 Abs. 1 DGUV Vorschrift 3 bzw. 4	☐	☐	Der Einsatz elektrotechnisch unterwiesener Personen setzt u. a. die Leitungs- und Aufsichtsführung durch eine Elektrofachkraft sowie deren Bestellung und Unterweisung voraus.

Nr.	Prüffrage	Beachtet Ja	Beachtet Nein	Bemerkungen
11.	Existieren (soweit zutreffend) Arbeitsanweisungen für • elektrotechnisch unterwiesene Personen (EuP)? • Elektrofachkräfte für festgelegte Tätigkeiten (EFKffT)? • Arbeiten unter Spannung (AuS)? • Schaltberechtigungen? • Arbeiten in der Nähe unter Spannung stehender Teile? • sonstige gefahrengeneigte Tätigkeiten? §§ 4, 9 Abs. 1 und 12 Abs. 1 ArbSchG, § 14 GefStoffV, § 12 BioStoffV, § 9 BetrSichV, § 2 DGUV Vorschrift 1	☐ ☐ ☐ ☐ ☐ ☐	☐ ☐ ☐ ☐ ☐ ☐	Arbeitsanweisungen sollten insbesondere auf sicherheitstechnische Aspekte (wie z. B. zu verwendende Ausrüstungen und Geräte, Sicherheits- und Schutzmaßnahmen, Anforderungen an das Einrichten des Arbeitsplatzes etc.) eingehen.
12.	Existieren (soweit zutreffend) Betriebsanweisungen für den Umgang mit Gefahr- und Biostoffen? §§ 4, 9 Abs. 1 und 12 Abs. 1 ArbSchG, § 14 GefStoffV, § 12 BioStoffV, § 9 BetrSichV, § 2 DGUV Vorschrift 1	☐	☐	Betriebsanweisungen sollten insbesondere auf sicherheitstechnische Aspekte für den Umgang mit Gefahr- und Biostoffen eingehen (z. B. Gefahren für Mensch und Umwelt, Schutzmaßnahmen und Verhaltensregeln, Verhalten bei Störungen, Verhalten bei Unfällen, Erste Hilfe, sachgerechte Entsorgung).
13.	Werden beim Einsatz von Fremdfirmen die erforderlichen Befähigungsnachweise der Ausführenden eingefordert und wird sowohl der Verkehrssicherungspflicht als auch der Kontrollpflicht nachgekommen? §§ 6 und 13 i. V. m. § 7 DGUV Vorschrift 1, § 3 Abs. 1 DGUV Vorschrift 3 bzw. 4	☐	☐	Die Grundsätze nach § 2 Abs. 3 und § 3 Abs. 1 der DGUV Vorschrift 3 bzw. 4 betreffen auch den Einsatz von Fremdfirmen.
14.	Werden Fremdfirmen umfassend eingewiesen und werden diese Einweisungen auch dokumentiert? § 3 Abs. 1 DGUV Vorschrift 3 bzw. 4	☐	☐	Beschäftigte von Fremdfirmen sind – auch wenn es sich um ausgebildete Fachkräfte handelt – mit der fremden Betriebsstätte und ihren Einrichtungen i. d. R. nicht vertraut und benötigen deshalb entsprechende Unterstützung. Bei einer Arbeitnehmerüberlassung nach AÜG trifft die Pflicht zur Unterweisung den Entleiher. Er hat die Unterweisung unter Berücksichtigung der Qualifikation und der Erfahrung der Personen, die ihm zur Arbeitsleistung überlassen werden, vorzunehmen.
15.	Werden Mängel unverzüglich behoben, wenn sie bei elektrischen Anlagen oder elektrischen Betriebsmitteln festgestellt werden und diese aufgrund des Mangels nicht oder nicht mehr den elektrotechnischen Regeln entsprechen? § 3 Abs. 2 DGUV Vorschrift 3 bzw. 4	☐	☐	Im Allgemeinen liegt ein Mangel nicht vor, wenn beim Erscheinen neuer elektrotechnischer Regeln an neue Anlagen oder Betriebsmittel andere Anforderungen gestellt werden.
16.	Ist dafür Sorge getragen, dass – sofern bei einem festgestellten Mangel eine dringende Gefahr besteht – die elektrische Anlage oder das elektrische Betriebsmittel im mangelhaften Zustand nicht mehr verwendet wird? § 3 Abs. 2 DGUV Vorschrift 3 bzw. 4	☐	☐	Bei unmittelbarer Gefahr müssen unverzüglich Schutzmaßnahmen getroffen werden. Dies betrifft insbesondere Gefährdungen durch elektrischen Strom. In vielen Fällen kann jedoch der Weiterbetrieb unter Anwendung kompensatorischer Schutzmaßnahmen verantwortet werden.
17.	Werden andernfalls organisatorische Ersatzmaßnahmen getroffen, wie z. B. Absperrungen, direkte Beaufsichtigung o. Ä.?	☐	☐	Diese Schutzmaßnahmen sind zulässig, wenn damit – je nach Anwendungsfall – die in § 4 bzw. §§ 6 und 7 beschriebenen Schutzziele erreicht werden.

Nr.	Prüffrage	Beachtet Ja	Beachtet Nein	Bemerkungen
18.	Sind die Prüffristen so festgelegt, dass sicherheitsrelevante Abweichungen vom Soll-Zustand rechtzeitig erkannt werden können? §§ 14, 16 BetrSichV, Anhang 2 und 3 BetrSichV, TRBS 1201, § 5 DGUV Vorschrift 3 bzw. 4	☐	☐	Grundlage für die Festlegung von Prüffristen sind die Gefährdungsbeurteilung, festgestellte Abweichungen vom sicheren Soll-Zustand (Fehlerquote) sowie betriebliche Erfahrungswerte. Prüffristen für überwachungsbedürftige Anlagen sind auf der Grundlage der sicherheitstechnischen Bewertung für die Gesamtanlage und Anlagenteile festzulegen. Die Prüffristen sind unter Berücksichtigung von § 16 BetrSichV sowie Anhang 2 und 3 BetrSichV festzulegen.
19.	Existiert ein Prüfkonzept bzw. eine Prüforganisation, mittels derer sich • die Qualifikationen der Prüfer nachweisen und • Art, Umfang und Fristen der erforderlichen Prüfungen sinnvoll nachvollziehbar begründen lassen können?	☐ ☐	☐ ☐	Mittels eines Prüfkonzepts können Entscheidungen in Einzelfällen, z. B. bei notwendigen Abweichungen vom üblichen Prüfprozedere, ggf. nachvollziehbar begründet werden.
20.	Befinden sich elektrische Anlagen und Betriebsmittel in einem sicheren Zustand und werden sie in diesem Zustand erhalten? § 4 Abs. 2 DGUV Vorschrift 3 bzw. 4	☐	☐	Der sichere Zustand ist i. d. R. gegeben, wenn elektrische Anlagen und Betriebsmittel so beschaffen sind, dass von ihnen bei ordnungsgemäßem Bedienen und bestimmungsgemäßer Verwendung weder eine unmittelbare Gefahr (z. B. gefährliche Berührungsspannung) noch eine mittelbare Gefahr (z. B. durch Strahlung, Explosion, Lärm) für den Menschen ausgehen kann. Der geforderte sichere Zustand umfasst auch den notwendigen Schutz gegen zu erwartende äußere Einwirkungen (z. B. mechanische Einwirkungen, Feuchtigkeit, Eindringen von Fremdkörpern).
21.	Wird der sichere Zustand nach Prüffrage 20. auch für solche Elektrogeräte gewährleistet, die mit in den Betrieb gebracht werden (z. B. Privatgeräte oder Leasinggeräte)?	☐	☐	Der Arbeitgeber hat vollumfänglich für die Sicherheit und den Gesundheitsschutz der Beschäftigten Sorge zu tragen. Da elektrische Gefährdungen gleichermaßen von betriebseigenen wie auch von externen Geräten ausgehen können, ist deren Sicherheit ebenfalls zu gewährleisten.
22.	Werden elektrische Anlagen und Betriebsmittel nur benutzt, wenn sie den betrieblichen und örtlichen Sicherheitsanforderungen im Hinblick auf Betriebsart und Umgebungseinflüssen genügen? § 4 Abs. 3 DGUV Vorschrift 3 bzw. 4	☐	☐	Elektrische Anlagen und Betriebsmittel können in ihrer Funktion und Sicherheit durch Umgebungseinwirkungen (z. B. Staub, Feuchtigkeit, Wärme, mechanische Beanspruchung) nachteilig beeinflusst werden. Daher sind sowohl die einzelnen Betriebsmittel als auch die gesamte elektrische Anlage so auszuwählen und zu gestalten, dass ein ausreichender Schutz gegen diese Einwirkungen über die üblicherweise zu erwartende Lebensdauer gewährleistet ist. Wirksamer Schutz wird u. a. durch die Wahl der Schutzart, der Schutzklasse, der Isolationsklasse sowie der Kriech- und Luftstrecken erreicht. Bei der Auswahl sind in jedem Fall die speziellen Einsatzbedingungen zu berücksichtigen, z. B. auf Baustellen oder in aggressiver Umgebung.
23.	Sind die aktiven Teile elektrischer Anlagen und Betriebsmittel entsprechend ihrer Spannung, Frequenz, Verwendungsart und ihrem Betriebsort durch Isolierung, Lage, Anordnung oder festangebrachte Einrichtungen gegen direktes Berühren geschützt? § 4 Abs. 4 DGUV Vorschrift 3 bzw. 4	☐	☐	Vorzugsweise sind aktive Teile i. S. d. Gefährdungsminimierungsgebots des Arbeitsschutzgesetzes wirkungsvoll zu isolieren oder zumindest abzuschirmen. Dabei muss der Schutz gegen direktes Berühren nicht nur unter dem Aspekt der elektrischen Durchschlagfestigkeit ausgelegt, sondern u. a. auch die mechanische Festigkeit berücksichtigt werden.

Nr.	Prüffrage	Beachtet Ja	Beachtet Nein	Bemerkungen
24.	Ist der teilweise Berührungsschutz gemäß DIN VDE 0660-514 gewährleistet bzw. nachgerüstet? *Anhang 1 DGUV Vorschrift 3 bzw. 4*	☐	☐	Insbesondere ältere elektrische Anlagen weisen noch immer nicht berührungssichere Stromschienen, Klemmstellen u. Ä. auf. Aktive Teile können somit bei der Durchführung von Arbeiten an elektrischen Anlagen leicht berührt werden.
25.	Ist sichergestellt, dass bei elektrischen Anlagen und Betriebsmitteln, an denen für die Durchführung von Arbeiten aus zwingenden Gründen der Schutz gegen direktes Berühren aufgehoben oder unwirksam gemacht werden muss, • der spannungsfreie Zustand der aktiven Teile hergestellt und sichergestellt werden kann? • die aktiven Teile unter Berücksichtigung von Spannung, Frequenz, Verwendungsart und Betriebsort durch zusätzliche Maßnahmen gegen direktes Berühren geschützt werden? *§ 4 Abs. 5 DGUV Vorschrift 3 bzw. 4*	☐ ☐	☐ ☐	Als zusätzliche Maßnahmen, die bei der Aufhebung des betriebsmäßigen Schutzes gegen direktes Berühren anzuwenden sind, gelten z. B. das Abdecken oder Abschranken (also die konsequente Anwendung der fünf Sicherheitsregeln).
26.	Ist zumindest ein teilweiser Schutz gegen direktes Berühren benachbarter aktiver Teile an elektrischen Betriebsmitteln vorhanden, die in Bereichen bedient werden müssen, wo allgemein ein vollständiger Schutz gegen direktes Berühren nicht gefordert wird oder nicht möglich ist? *§ 4 Abs. 6 DGUV Vorschrift 3 bzw. 4*	☐	☐	Ein vollständiger Schutz gegen direktes Berühren ist häufig die einfachste und in jedem Fall die wirkungsvollste Schutzmaßnahme. Dies gilt vor allem für Betriebsmittel, die für betriebsmäßige Vorgänge bedient werden müssen, aber auch bei der Durchführung von Arbeiten an und in der Nähe von Betriebsmitteln. Abdeckungen erfüllen ihren Zweck, wenn sie gegen unbeabsichtigtes Verschieben oder Entfernen gesichert sind oder nur mit Werkzeug oder Schlüssel entfernt werden können.
27.	Ist die Aufhebung des Berührungsschutzes in notwendigen Fällen ohne Gefährdung (z. B. durch Körperdurchströmung oder Lichtbogenbildung) möglich? *§ 4 Abs. 7 DGUV Vorschrift 3 bzw. 4*	☐	☐	Die Aufhebung des Berührungsschutzes kann z. B. im Fall der Fehlersuche in elektrischen Anlagen und an elektrischen Betriebsmitteln notwendig sein, um sonst nicht erreichbare Stellen messtechnisch überprüfen zu können.
28.	Werden bei Arbeiten an oder in der Nähe von aktiven Teilen elektrischer Anlagen und Betriebsmittel, die nicht gegen direktes Berühren geschützt sind, die fünf Sicherheitsregeln konsequent angewendet, d. h.: • Können die Anlage oder Abschnitte der Anlage freigeschaltet werden? • Sind die erforderlichen Hilfsmittel und Einrichtungen zum Sichern gegen Wiedereinschalten sowie ein Verbotszeichen mit der Aussage „Nicht schalten" und erforderlichenfalls der zusätzlichen Aussage „Es wird gearbeitet/Ort.../ Entfernen des Schildes nur durch..." vorhanden? • Sind bei ferngesteuerten Anlagen – soweit zutreffend – Einrichtungen zum Sichern gegen Wiedereinschalten vorhanden?	☐ ☐ ☐	☐ ☐ ☐	In Anlagen mit Nennspannungen über 1 kV müssen zum Freischalten die erforderlichen Trennstrecken hergestellt werden können. Sicherungseinrichtungen gegen Wiedereinschalten sind z. B. abschließbare Schalter, Schalterabdeckungen, Steckkappen für Schalter, abnehmbare Schalthebel, Blindeinsätze für Schraub- und NH-Sicherungen, Absperr- und Entlüftungseinrichtungen für Druckluft, Mittel zum Unwirksammachen der Federkraft, Mittel zum Unterbrechen der Hilfsspannung.

Nr.	Prüffrage	Beachtet Ja	Beachtet Nein	Bemerkungen
	• Ist am freigeschalteten Anlageteil das Feststellen der Spannungsfreiheit möglich?	☐	☐	
	• Sind die Anlageteile (soweit erforderlich) mit Einrichtungen zum Erden und Kurzschließen (z. B. Erdungsschalter, Erdungswagen, Anschließstellen) ausgerüstet oder sind Einrichtungen zum Erden und Kurzschließen (z. B. Seile oder Schienen mit ausreichendem Querschnitt) vorhanden und angebracht?	☐	☐	
	• Sind Hilfsmittel zum Abdecken und Abschranken (z. B. Abdecktücher, isolierende Schutzplatten) vorhanden?	☐	☐	
29.	Weisen elektrische Anlagen und Betriebsmittel entsprechend ihrer Spannung, Frequenz, Verwendungsart und ihrem Betriebsort Schutz bei indirektem Berühren auf, sodass auch im Fall eines Fehlers in der elektrischen Anlage oder in dem elektrischen Betriebsmittel der Schutz gegen gefährliche Berührungsspannungen gewährleistet wird? § 4 Abs. 8 DGUV Vorschrift 3 bzw. 4	☐	☐	Zu den typischen Schutzmaßnahmen bei indirektem Berühren zählen u. a.: • Schutz durch automatische Abschaltung der Stromversorgung • Schutzisolation (Betriebsmittel der Schutzklasse II) • Schutz durch nichtleitende Räume • Schutz durch ungeerdeten örtlichen Potentialausgleich • Schutztrennung • Schutzkleinspannung
30.	Werden elektrische Anlagen und Betriebsmittel vor der ersten Inbetriebnahme sowie nach einer Änderung oder Instandsetzung vor der Wiederinbetriebnahme durch eine Elektrofachkraft*) auf ihren ordnungsgemäßen Zustand geprüft? §§ 14, 15 BetrSichV, § 5 Abs. 1 Nr. 1 DGUV Vorschrift 3 bzw. 4	☐	☐	*) Elektrische Betriebsmittel, die auch als elektrische Arbeitsmittel i. S. d. § 2 Abs. 1 BetrSichV gelten, sind durch eine befähigte Person i. S. d. § 2 Abs. 6 BetrSichV zu prüfen. Elektrische Anlagen und Betriebsmittel dürfen nur in ordnungsgemäßem Zustand in Betrieb genommen und müssen in diesem Zustand erhalten werden. Die Einhaltung des ordnungsgemäßen Zustands ist durch eine Überprüfung festzustellen. Die Prüfung vor der ersten Inbetriebnahme ist nicht erforderlich, wenn dem Unternehmer vom Hersteller oder Errichter bestätigt wird, dass die elektrischen Anlagen und Betriebsmittel den Bestimmungen der DGUV Vorschrift 3 bzw. 4 entsprechend beschaffen sind. Für elektrische Arbeitsmittel i. S. d. BetrSichV sind gemäß § 4 Abs. 5 vor deren erster Verwendung mindestens Sichtprüfungen sowie ggf. auch Funktionsprüfungen durchzuführen. Hinweise zur Durchführung von (Erst-)Prüfungen sind insbesondere in VDE 0100-600 und VDE 0701-0702 enthalten.
31.	Ist sichergestellt, dass die elektrischen Anlagen und Betriebsmittel in bestimmten Zeitabständen wiederkehrend durch eine Elektrofachkraft*) auf ihren ordnungsgemäßen Zustand geprüft werden? § 14 BetrSichV, § 5 Abs. 1 Nr. 2 DGUV Vorschrift 3 bzw. 4*)	☐	☐	*) Elektrische Betriebsmittel, die auch als elektrische Arbeitsmittel i. S. d. § 2 Abs. 1 BetrSichV gelten, sind durch eine befähigte Person i. S. d. § 2 Abs. 6 BetrSichV zu prüfen. Elektrische Anlagen und Betriebsmittel unterliegen praktisch immer schädigenden Einflüssen. Zum Erhalt des ordnungsgemäßen Zustands müssen sie deshalb regelmäßig überprüft werden. Die Fristen dieser Prüfungen sind so zu wählen, dass von einem sicheren Zustand zwischen zwei Prüfungen auszugehen ist. Hinweise zur Durchführung von wiederkehrenden Prüfungen sind insbesondere in VDE 0105-100 und VDE 0701-0702 sowie den DGUV Informationen 203-070 und 203-072 enthalten.

Nr.	Prüffrage	Beachtet Ja	Beachtet Nein	Bemerkungen
32.	Werden die Ergebnisse der Prüfungen nach Prüffrage 30 und 31 dokumentiert?	☐	☐	Seit der Einführung der BetrSichV besteht die Verpflichtung, die Ergebnisse der Prüfungen von Arbeitsmitteln aufzuzeichnen. Die Dokumentation der Prüfungen elektrischer Anlagen ist – selbst wenn sie vom zuständigen Unfallversicherungsträger nicht gefordert wird – sinnvoll, da die Ergebnisse vorheriger Prüfungen ein wesentliches Kriterium zur Beurteilung des Zustands einer elektrischen Anlage sind.
33.	Werden Neugeräte und private Geräte vor der ersten Verwendung im Unternehmen zumindest einer Sicht- und Funktionsprüfung (sowie bei entsprechendem Verdacht auch einer messtechnischen Prüfung) unterzogen? § 4 Abs. 5 BetrSichV	☐	☐	Für die Eingangskontrolle von neuen Geräten empfiehlt sich eine entsprechende Verfahrensanweisung. Die Verwendung privater Geräte am Arbeitsplatz kann durch eine Betriebsvereinbarung geregelt werden.
34.	Werden die Ergebnisse der Prüfung nach Prüffrage 33. ebenfalls dokumentiert?	☐	☐	
35.	Werden auch Schutz- und Hilfsmittel regelmäßig auf ihren sicheren Zustand überprüft? § 5 Abs. 1 DGUV Vorschrift 3 bzw. 4	☐	☐	Schutz- und Hilfsmittel sind z. B. isolierende Schutzbekleidung, isolierende Werkzeuge, Mess- und Prüfgeräte, Schutzvorrichtungen für die Anwendung der fünf Sicherheitsregeln.
36.	Wird bei Inanspruchnahme der Ausnahmeregelung durch „ständige Überwachung" dokumentiert, • was ihre zwingende Notwendigkeit begründet? • wie ein ausreichendes Schutzniveau erreicht wird? § 5 Abs. 1 DGUV Vorschrift 3 bzw. 4	☐ ☐	☐ ☐	Eine elektrische Anlage gilt als „ständig überwacht", wenn sie kontinuierlich von Elektrofachkräften instand gehalten und durch messtechnische Maßnahmen im Rahmen des Betriebens (z. B. durch Überwachung des Isolationswiderstands) geprüft wird. Die ständige Überwachung kann nicht auf ortsveränderliche Betriebsmittel oder auf Schutz- und Hilfsmittel angewendet werden.
37.	Ist sichergestellt, dass an unter Spannung stehenden aktiven Teilen elektrischer Anlagen und Betriebsmittel grundsätzlich nicht gearbeitet wird? § 6 Abs. 1 DGUV Vorschrift 3 bzw. 4	☐	☐	Ausnahmen sind nur möglich, sofern die Bedingungen nach § 8 Nr. 1 der DGUV Vorschrift 3 bzw. 4 erfüllt werden. Arbeiten an aktiven Teilen elektrischer Anlagen (Arbeiten unter Spannung) sowie Arbeiten in der Nähe unter Spannung stehender aktiver Teile können gefährliche Arbeiten i. S. d. § 8 der DGUV Vorschrift 1 sowie des § 22 Abs. 1 Nr. 3 Jugendarbeitsschutzgesetz sein.
38.	Sind vor Beginn der Arbeiten an aktiven Teilen elektrischer Anlagen und Betriebsmittel die erforderlichen Voraussetzungen für Arbeiten in spannungsfreiem Zustand erfüllt und wurden • die betroffenen Anlagenteile festgelegt? • die Beschäftigten entsprechend auf den zulässigen Arbeitsbereich hingewiesen? • die Arbeitsstelle, der Arbeitsbereich und, falls erforderlich, der Weg zur Arbeitsstelle innerhalb der elektrischen Anlage entsprechend gekennzeichnet?	 ☐ ☐ ☐	 ☐ ☐ ☐	Das Herstellen des spannungsfreien Zustandes vor Beginn der Arbeiten und dessen Sicherstellen an der Arbeitsstelle für die Dauer der Arbeiten geschieht unter Beachtung der fünf Sicherheitsregeln, deren Anwendung der Regelfall sein muss.

Nr.	Prüffrage	Beachtet Ja	Beachtet Nein	Bemerkungen
39.	Werden vor Beginn jeder Arbeit an aktiven Teilen elektrischer Anlagen und Betriebsmittel Maßnahmen eingeleitet, die für die Dauer der Arbeiten den spannungsfreien Zustand sicherstellen? § 6 Abs. 2 DGUV Vorschrift 3 bzw. 4	☐	☐	Die Auswahl geeigneter Maßnahmen hängt im Wesentlichen davon ab, wie zuverlässig der spannungsfreie Zustand sichergestellt werden kann: Bei Spannungen bis 1.000 V genügt ggf. die Einhaltung der ersten drei Sicherheitsregeln, sofern sichergestellt wird, dass nur durch den jeweils Verantwortlichen die Spannung wieder zugeschaltet werden kann. Ist dies nicht sicherzustellen (z. B. wenn eine ferngesteuerte Zuschaltung oder eine Umschaltung der Spannungsversorgung möglich ist), sind alle fünf Sicherheitsregeln zwingend einzuhalten.
40.	Werden die Bedingungen des § 6 Abs. 2 der DGUV Vorschrift 3 bzw. 4 (Freischalten und gegen Wiedereinschalten sichern vor Beginn der Arbeiten) auch für benachbarte aktive Teile der elektrischen Anlage oder des elektrischen Betriebsmittels beachtet, wenn diese • nicht gegen direktes Berühren geschützt sind? • nicht für die Dauer der Arbeiten unter Berücksichtigung von Spannung, Frequenz, Verwendungsart und Betriebsort durch Abdecken oder Abschranken gegen direktes Berühren geschützt worden sind? § 6 Abs. 3 DGUV Vorschrift 3 bzw. 4	☐ ☐	☐ ☐	Sind in der Nähe der Arbeitsstelle Anlagenteile nicht freigeschaltet, müssen vor Arbeitsbeginn Sicherheitsmaßnahmen wie beim Arbeiten in der Nähe unter Spannung stehender Teile getroffen werden (siehe Prüffragen 42 bis 53).
41.	Werden die Bedingungen des § 6 (2) der DGUV Vorschrift 3 bzw. 4 (Freischalten und gegen Wiedereinschalten Sichern vor Beginn der Arbeiten) auch für das Bedienen elektrischer Betriebsmittel beachtet, wenn diese in unmittelbarer Nähe zu aktiven unter Spannung stehenden Teilen angeordnet sind, die nicht gegen direktes Berühren geschützt sind? § 6 Abs. 4 DGUV Vorschrift 3 bzw. 4	☐	☐	Gefährdungen ergeben sich z. B. dann, wenn durch herabfallende Werkzeuge oder andere Gegenstände Kurzschlüsse bzw. andere Wirkungen hervorgerufen werden.
42.	Wird in der Nähe nicht gegen direktes Berühren geschützter aktiver Teile elektrischer Anlagen und Betriebsmittel grundsätzlich nur gearbeitet, wenn deren spannungsfreier Zustand hergestellt und für die Dauer der Arbeiten sichergestellt ist? § 7 DGUV Vorschrift 3 bzw. 4, DIN VDE 0105-100	☐	☐	Zulässige Ausnahmen sind in § 8 der DGUV Vorschrift 3 bzw. 4 definiert. Welche Tätigkeiten als Arbeiten in der Nähe unter Spannung stehender Teile i. S. d. DGUV Vorschrift 3 bzw. 4 gelten, beschreibt § 7.
43.	Sofern die vorgenannten Bedingungen nicht erfüllt werden können: Wird in der Nähe nicht gegen direktes Berühren geschützter aktiver Teile elektrischer Anlagen und Betriebsmittel grundsätzlich nur gearbeitet, wenn die aktiven Teile für die Dauer der Arbeiten unter Berücksichtigung von Spannung, Betriebsort, Art der Arbeit und der verwendeten Arbeitsmittel durch Abdecken oder Abschranken geschützt worden sind? § 7 DGUV Vorschrift 3 bzw. 4	☐	☐	Zulässige Ausnahmen sind in § 8 der DGUV Vorschrift 3 bzw. 4 definiert. Die Forderung hinsichtlich des Schutzes durch Abdecken oder Abschranken ist erfüllt, • bei Nennspannungen bis 1.000 kV, wenn aktive Teile isolierend abgedeckt oder umhüllt werden, so dass mindestens teilweiser Schutz gegen direktes Berühren erreicht wird, • bei Nennspannungen über 1 kV, wenn aktive Teile abgedeckt oder abgeschrankt werden und dabei die in der DGUV Vorschrift 3 bzw. 4 in Tabelle 2 bzw. 3 angegebenen Grenzen der Gefahrenzone D_L bzw. der einzuhaltenden Schutzabstände nicht erreicht werden bzw. unterschritten werden.

Nr.	Prüffrage	Beachtet Ja	Beachtet Nein	Bemerkungen
44.	Wird in der Nähe nicht gegen direktes Berühren geschützter aktiver Teile elektrischer Anlagen und Betriebsmittel, nur gearbeitet, wenn bei Verzicht auf vorstehende Maßnahmen die zulässigen Annäherungen nicht unterschritten werden? § 7 DGUV Vorschrift 3 bzw. 4	☐	☐	Zulässige Ausnahmen sind in § 6 Abs. 2 und 3 der DGUV Vorschrift 3 bzw. 4 definiert.
45.	Wird von den Forderungen in § 4 Abs. 4 und 5 sowie des Anhangs 1 der DGUV Vorschrift 3 bzw. 4 nur abgewichen, wenn durch die Art der Anlage eine Gefährdung durch Körperdurchströmung oder durch Lichtbogenbildung ausgeschlossen ist und hierfür nachfolgende Bedingungen zutreffen? • Der bei der Berührung durch den menschlichen Körper fließende Strom oder die Energie an der Arbeitsstelle bleibt unter den durch die elektrotechnischen Regeln festgelegten Grenzwerten. • Die Spannung überschreitet nicht die in den elektrotechnischen Regeln für die jeweilige Verwendungsart und den Betriebsort als zulässig angegebenen Grenzwerte für das Arbeiten an unter Spannung stehenden Teilen. § 8 Nr. 1 DGUV Vorschrift 3 bzw. 4	☐ ☐	☐ ☐	Soweit in elektrotechnischen Regeln keine Grenzwerte festgelegt sind, darf unter Spannung gearbeitet werden, wenn • der Kurzschlussstrom an der Arbeitsstelle höchstens 3 mA bei Wechselstrom (Effektivwert) oder 12 mA bei Gleichstrom beträgt, • die Energie an der Arbeitsstelle nicht mehr als 350 mJ beträgt, • durch Isolierung des Standorts oder der aktiven Teile oder durch Potentialausgleich eine Potentialüberbrückung verhindert ist, • die Berührungsspannung weniger als AC 50 V oder DC 120 V beträgt oder • bei den verwendeten Prüfeinrichtungen die in den vergleichbaren elektrotechnischen Regeln festgelegten Werte für den Ableitstrom nicht überschritten werden.
46.	Wird, falls aus zwingenden Gründen der spannungsfreie Zustand nicht hergestellt werden kann, von den Forderungen des § 7 der DGUV Vorschrift 3 bzw. 4 nur abgewichen, wenn die Einhaltung nachfolgender Bedingungen sichergestellt ist? • Eine Gefährdung durch Körperdurchströmung oder durch Lichtbogenbildung ist durch die Art der bei diesen Arbeiten verwendeten Hilfsmittel oder Werkzeuge ausgeschlossen. • Vom Unternehmer werden mit diesen Arbeiten nur Personen beauftragt, die für Arbeiten an unter Spannung stehenden aktiven Teilen fachlich geeignet sind. • Vom Unternehmer werden weitere technische, organisatorische und persönliche Sicherheitsmaßnahmen festgelegt und durchgeführt, die ausreichenden Schutz gegen eine Gefährdung durch Körperdurchströmung oder Lichtbogenbildung sicherstellen. § 8 Nr. 2 DGUV Vorschrift 3 bzw. 4	☐ ☐ ☐	☐ ☐ ☐	Beim Arbeiten unter Spannung besteht eine erhöhte Gefahr der Körperdurchströmung und der Lichtbogenbildung. Sofern zwingende Gründe Arbeiten unter Spannung erforderlich machen (Beispiele siehe Durchführungsanweisung zu § 8 Nr. 2), sind besondere technische und organisatorische Maßnahmen unerlässlich. Das verbleibende Risiko (Eintrittswahrscheinlichkeit und Verletzungsschwere, siehe DIN VDE 31000 Teil 2) muss damit auf ein zulässiges Maß reduziert werden.
47.	Wird von den Forderungen des § 6 Abs. 1 bis 4 der DGUV Vorschrift 3 bzw. 4 nur abgewichen, wenn durch die Art der Anlage eine Gefährdung durch Körperdurchströmung oder durch Lichtbogenbildung ausgeschlossen ist? § 8 Nr. 1 DGUV Vorschrift 3 bzw. 4	☐	☐	Siehe Bemerkungen zu Prüffrage Nr. 45.

Nr.	Prüffrage	Beachtet Ja	Beachtet Nein	Bemerkungen
48.	Wird, falls aus zwingenden Gründen der spannungsfreie Zustand nicht hergestellt werden kann, von den Forderungen nach § 6 Abs. 1 bis 4 der DGUV Vorschrift 3 bzw. 4 nur abgewichen, wenn die Einhaltung nachfolgender Bedingungen sichergestellt ist? • Eine Gefährdung durch Körperdurchströmung oder durch Lichtbogenbildung ist durch die Art der bei diesen Arbeiten verwendeten Hilfsmittel oder Werkzeuge ausgeschlossen. • Vom Unternehmer werden mit diesen Arbeiten nur Personen beauftragt, die für Arbeiten an unter Spannung stehenden aktiven Teilen fachlich geeignet sind. • Vom Unternehmer werden weitere technische, organisatorische und persönliche Sicherheitsmaßnahmen festgelegt und durchgeführt, die einen ausreichenden Schutz gegen eine Gefährdung durch Körperdurchströmung oder durch Lichtbogenbildung sicherstellen. *§ 8 Nr. 2 DGUV Vorschrift 3 bzw. 4*	☐ ☐ ☐	☐ ☐ ☐	Siehe Bemerkungen zu Nr. 46.
49.	Liegen für das Arbeiten unter Spannung durch den Arbeitgeber erstellte schriftliche Anweisungen vor und enthalten diese mindestens folgende Angaben? • die Gründe, die für jede der vorgesehenen Arbeiten als zwingend angesehen werden • das jeweils gewählte Arbeitsverfahren und die Häufigkeit der Arbeiten • die Qualifikation der mit der Durchführung der Arbeiten betrauten Personen *Abschnitt 3.1.2 DGUV Regel 103-011*	☐ ☐ ☐	☐ ☐ ☐	Sollen Arbeiten unter Spannung durchgeführt werden, ist vom Unternehmer für die Durchführung der Arbeiten eine Arbeitsanweisung zu erstellen. Geeignete Schutz- und Hilfsmittel für das Arbeiten unter Spannung sind zur Verfügung zu stellen.
50.	Ist organisatorisch geregelt, dass beim Einsetzen und Herausnehmen von Niederspannungs-Hochleistungssicherungen sowohl für Einzelsicherungen als auch für dreipolige Lasttrennschalter • NH-Sicherungsaufsteckgriffe mit fest angebrachter Stulpe verwendet werden? • Gesichtsschutz (Schutzschirm) getragen wird?	☐ ☐	☐ ☐	Durch diese Maßnahmen wird beim Herausnehmen und Einsetzen von unter Spannung stehenden Sicherungseinsätzen des NH-Systems ohne Berührungsschutz und ohne Lastschalteigenschaften eine Gefährdung durch Körperdurchströmung und Lichtbögen wirksam verhindert.
51.	Werden für die Ausführung von Arbeiten an unter Spannung stehenden Teilen ausschließlich isolierte Werkzeuge und isolierende Hilfsmittel verwendet, die gekennzeichnet sind mit • dem Symbol des Isolators oder mit einem Doppeldreieck? • der zugeordneten Spannungs- bzw. Spannungsbereichsangabe oder der Klasse? *DA zu § 8 Abs. 2 DGUV Vorschrift 3 bzw. 4*	☐ ☐	☐ ☐	Bei Arbeiten unter Spannung ereignen sich insbesondere dann Unfälle, wenn Werkzeuge oder Hilfsmittel herabfallen bzw. anderweitig ungewollte Kontakte mit spannungsführenden Teilen herstellen, die entweder unzureichend isoliert oder nicht ausreichend spannungsfest sind.

Nr.	Prüffrage	Beachtet Ja	Beachtet Nein	Bemerkungen
52.	Werden für Arbeiten unter Spannung die Forderungen hinsichtlich der persönlichen Eignung erfüllt? *DA zu § 8 Abs. 2 Tabelle 5, Abschnitt 3.2 und 3.3 DGUV Regel 103-011*	☐	☐	Die Forderungen hinsichtlich der fachlichen Eignung für Arbeiten an unter Spannung stehenden Teilen sind z. B. dann erfüllt, wenn die in Tabelle 5 der DGUV Vorschrift 3 bzw. 4 enthaltenen Festlegungen beachtet werden und eine Ausbildung für die unter Spannung durchzuführenden Arbeiten erfolgt ist. Die Kenntnisse und Fertigkeiten müssen in regelmäßigen Abständen (ca. 1 Jahr) überprüft werden. Wenn die Erforderlichkeit festgestellt wurde (z. B. länger zurückliegende Ausbildung bzw. Tätigkeit, geänderte normative Anforderungen, sicherheitsrelevante Änderungen an den elektrischen Anlagen oder den Arbeitsverfahren), muss die Ausbildung wiederholt oder ergänzt werden.
53.	Erfolgen die Arbeiten ausschließlich durch ausführungsberechtigte AuS-Monteure, die in Erste Hilfe und Herz-Lungen-Wiederbelebung ausgebildet sind? *Abschnitt 3.2 und 3.3 DGUV Regel 103-011, DIN VDE 0105-100*	☐	☐	Die Gewährleistung der Ersten Hilfe kann auch einer in Erster-Hilfe-Leistung ausgebildeten elektrotechnisch unterwiesenen Person übertragen werden, welche die Arbeiten in dieser Funktion überwacht. Die elektrotechnische Verantwortung bleibt bei der ausführungsberechtigten Elektrofachkraft.

Aus dieser Checkliste ergeben sich folgende interne Maßnahmen und zu erledigende Fragestellungen:

	Zu erledigende Maßnahmen/ Fragestellungen	Termin (bis zum ...)	Erledigt Ja	Erledigt Nein	Datum, Unterschrift der Nachkontrolle
1.			☐	☐	
2.			☐	☐	
3.			☐	☐	
4.			☐	☐	
5.			☐	☐	
6.			☐	☐	

Datum, Unterschrift des Prüfers: _____

Prüfliste
Erkennen und Beurteilen schadhafter Elektrogeräte

Firma und Stempel

Firma/Einrichtung: _____

Betriebsteil: _____

Name des Prüfers: _____

Ort/Datum: _____ , _____
(Ort) (Datum)

Nr.	Prüffrage	Beachtet Ja	Beachtet Nein	Bemerkungen
\multicolumn{5}{l}{**Allgemeine Anforderungen an zur Prüfung befähigte Personen**}					
1.	Sind alle aktiven Teile durch Isolierung oder Abdeckung gegen direktes Berühren geschützt?	☐	☐	
2.	Sind alle vorhandenen Isolierungen oder Abdeckungen des Geräts frei von Beschädigungen?	☐	☐	
3.	Sind die Abdeckungen ordnungsgemäß befestigt?	☐	☐	
4.	Sind alle Isolierungen von Leitungen frei von Beschädigungen?	☐	☐	
5.	Ist die Geräteleitung für den verwendeten Zweck geeignet?	☐	☐	
6.	Ist die Leitung frei von Beschädigungen sowie von Zeichen thermischer Überbeanspruchung an ihrer Isolierung?	☐	☐	
7.	Ist die Leitung • richtig befestigt? • zugentlastet? • wenn erforderlich (z. B. bei Tauchpumpen), fachgerecht abgedichtet?	☐ ☐ ☐	☐ ☐ ☐	
8.	Ist das Gerät gegen mögliche Einwirkungen von Feuchte und Staub ausreichend geschützt?	☐	☐	
9.	Ist geprüft, ob das Gerät weder stark verschmutzt noch verrostet ist?	☐	☐	
10.	Sind nicht benutzte Leitungseinführungen verschlossen?	☐	☐	
11.	Erfüllt das Gerät die Anforderungen an den Schutz gegen elektrischen Schlag unter Fehlerbedingungen (Schutz bei indirektem Berühren), z. B. • Schutzklasse II (Schutzisolierung)? • SELV (Schutzkleinspannung)? • Schutztrennung?	☐ ☐ ☐	☐ ☐ ☐	
12.	Sind für unterschiedliche Spannungen verwendete Steckvorrichtungen unverwechselbar?	☐	☐	
13.	Sind die Anschluss- und Verbindungsstellen gegen Selbstlockern gesichert?	☐	☐	

Nr.	Prüffrage	Beachtet Ja	Beachtet Nein	Bemerkungen
14.	Ist der Schutzleiter an die dafür besonders gekennzeichnete Klemme angeschlossen?	☐	☐	
15.	Ist geprüft, dass die Schutzkontakte des Steckers weder verbogen noch verschmutzt sind?	☐	☐	
16.	Ist geprüft, dass die Leiter nicht verwechselt sind?	☐	☐	
17.	Ist das Gerät frei von Anzeichen für • unsachgemäßen Gebrauch? • unzulässige Änderungen bzw. Eingriffe?	☐ ☐	☐ ☐	
18.	Sind die notwendigen Schutzeinrichtungen (z. B. Schutzhauben, Abdeckungen, Griffe etc.) sowie sonstige Zubehörteile vorhanden und in einwandfreiem Zustand?	☐	☐	
19.	Lassen sich die Schalt- und Steuereinrichtungen einwandfrei bedienen?	☐	☐	
20.	Ist die Anschlussleitung und sind weitere fest angeschlossene Leitungen fest mit dem Gerätegehäuse verbunden?	☐	☐	
21.	Sind sicherheitsrelevante Hinweise vorhanden bzw. lesbar?	☐	☐	

Aus dieser Checkliste ergeben sich folgende interne Maßnahmen und zu erledigende Fragestellungen:

	Zu erledigende Maßnahmen/Fragestellungen	Termin (bis zum …)	Erledigt Ja	Erledigt Nein	Datum, Unterschrift der Nachkontrolle
1.			☐	☐	
2.			☐	☐	
3.			☐	☐	
4.			☐	☐	
5.			☐	☐	
6.			☐	☐	

Datum, Unterschrift des Prüfers: _____

Prüfliste
Sichtprüfung nach DIN VDE 0100-600 i. V. m. DIN VDE 0105-100

Firma/Einrichtung: _____

Betriebsteil: _____

Name des Prüfers: _____

Ort/Datum: _____ , den _____
              (Ort)   (Datum)

Nr.	Prüffrage	Beachtet Ja	Beachtet Nein	Bemerkungen
Allgemeine Anforderungen an Prüfungen und Kontrollen				
1.	Findet das Besichtigen in der gemäß DIN VDE 0100-600 bzw. DIN VDE 0105-100 vorgegebenen Reihenfolge statt, d. h. • vor dem Erproben und Messen? • vor Unterspannungsetzen der Anlage?	☐ ☐	☐ ☐	Das Besichtigen ist ein wichtiger Teil sowohl der Erstprüfung als auch der wiederkehrenden Prüfung, da hiermit nicht nur der weitere Verlauf bestimmt, sondern auch die Sicherheit der prüfenden Person wesentlich beeinflusst wird. Das Besichtigen sollte in der Praxis daher schon während der Errichtung bis zur Fertigstellung der elektrischen Anlage erfolgen.
2.	Sind Prüfberichte vorangegangener Prüfungen der Anlage oder Betriebsmittel vorhanden?	☐	☐	
3.	Enthalten diese Prüfberichte vollständige Aufzeichnungen über die durchgeführten Sichtprüfungen, Messungen und Erprobungen?	☐	☐	
4.	Sind komplette und aktuelle Dokumentationsunterlagen (Schaltungsunterlagen, Bedienungsanleitungen usw.) vorhanden und einsehbar?	☐	☐	
5.	Ist der sichere Zugang gewährleistet • zu Anlage/Betriebsmittel und Fluchtweg für Bedienung und Wartung? • zu Trenneinrichtungen von Erdungsleitungen?	☐ ☐	☐ ☐	
6.	Sind elektrische Betriebsanlagen (z. B. Schalt-, Verteilungs- und Trafoanlagen) • verschließbar? • verschlossen?	☐ ☐	☐ ☐	
7.	Wird mit der Besichtigung bestätigt, dass die elektrischen Betriebsmittel der elektrischen Anlage • keine sichtbaren sicherheitsrelevanten Beschädigungen aufweisen? • die jeweiligen einschlägigen Sicherheitsanforderungen erfüllen? • der Normenreihe DIN VDE 0100 entsprechen? • gemäß Herstellerangaben ausgewählt und errichtet wurden?	☐ ☐ ☐ ☐	☐ ☐ ☐ ☐	

Nr.	Prüffrage	Beachtet Ja	Beachtet Nein	Bemerkungen
8.	Finden nachfolgende Aspekte bei der Durchführung der Sichtprüfung Berücksichtigung (sofern zutreffend und erforderlich)?			
	• Vorhandensein und Wirksamkeit der Maßnahmen zum Schutz gegen elektrischen Schlag einschließlich der Abstände zu aktiven Teilen (gemäß DIN VDE 0100-410)?	☐	☐	
	• Vorhandensein von zusätzlichem Schutz durch Fehlerstrom-Schutzeinrichtungen (RCDs ≤ 30 mA) in Endstromkreisen für Steckdosen mit Bemessungsstrom	☐	☐	
	– ≤ 32 A für die allgemeine Verwendung und die Benutzung durch Laien?	☐	☐	
	– ≤ 32 A zur Verwendung für fest angeschlossene ortsveränderliche Betriebsmittel im Außenbereich (gemäß DIN VDE 0100-410:2018-10)?	☐	☐	
	• Auswahl, Einstellung, Koordinierung und Selektivität der Schutz- und Überwachungseinrichtungen (gemäß DIN VDE 0100-530)?	☐	☐	
	• Vorhandensein geeigneter, an der richtigen Stelle angeordneter Überspannungs-Schutzeinrichtungen (SPDs) gemäß DIN VDE 0100-534 – sofern diese verlangt sind?	☐	☐	
	• Vorhandensein und Auswahl geeigneter, an der richtigen Stelle angeordneter Trenn- und Schaltgeräten (gemäß DIN VDE 0100-530)?	☐	☐	
	• Vorhandensein von Brandabschottungen und anderen Maßnahmen zum Brandschutz sowie Schutz gegen andere thermische Beeinflussungen (gemäß DIN VDE 0100-420 und DIN VDE 0100-520)?	☐	☐	
	• Richtige Auswahl von Kabeln, Leitungen und Stromschienen bezüglich Strombelastbarkeit und Spannungsfall (anhand der Konstruktions- und Projektierungsunterlagen sowie direkt sichtbarer Einbauten und gemäß DIN VDE 0100-430 und DIN VDE 0298-4)?	☐	☐	
	• Auswahl, Vorhandensein und Ausführung gemäß DIN VDE 0100-540 von Schutzleitern mitsamt Schutzpotentialausgleichleitern und Anschlüssen an die Haupterdungsschiene (gemäß DIN VDE 0100-410)?	☐	☐	
	• Auswahl und Ausführung von Erdungsanlagen sowie den ihnen angeschlossenen Körpern (gemäß DIN VDE 0100-540 bzw. DIN VDE 0100-410)?	☐	☐	
	• Auswahl von Schutzmaßnahmen und Betriebsmitteln unter Berücksichtigung äußerer Bedingungen und mechanischer Einflüsse sowie Beanspruchungen, z. B. von IP-Schutzart, Ex-Schutz (gemäß DIN VDE 0100-420, DIN VDE 0100-510 und DIN VDE 0100-520)?	☐	☐	

Nr.	Prüffrage	Beachtet Ja	Beachtet Nein	Bemerkungen
	• Vorhandensein und Korrektheit der Kennzeichnungen an Schutzleitern, Neutralleitern, Stromkreisen, Sicherungen, Schaltern, Klemmen, Überspannungsschutzeinrichtungen (gemäß DIN VDE 0100-510)?	☐	☐	
	• Geeignete Auswahl und ordnungsgemäße Ausführung aller elektrischen Leiter- bzw. Kabelverbindungen sowie Kabel- und Leitungssysteme (gemäß DIN VDE 0100-520)?	☐	☐	
	• Anordnung von Busgeräten und Ausführung sowie Anordnung der zugehörigen Leitungen?	☐	☐	
	• Vorhandensein von Informationen wie Schaltungsunterlagen, Warnhinweise und dergleichen?	☐	☐	
	• Einhaltung der herstellerseitigen Vorgaben für Montage und Betrieb?	☐	☐	
	• Gute Zugänglichkeit der Betriebsmittel zwecks Bedienung und Instandhaltung?	☐	☐	
	• Vorhandensein und Wirksamkeit von Vorkehrungen gegen elektromagnetische Störungen?	☐	☐	
9.	Werden beim Besichtigen von Anlagen und Räumen besonderer Art die hierfür einschlägigen besonderen Anforderungen berücksichtigt und diese Prüfschritte mitprotokolliert	☐	☐	

Besichtigen bei wiederkehrender Prüfung

Nr.	Prüffrage	Beachtet Ja	Beachtet Nein	Bemerkungen
10.	Wird durch Besichtigung festgestellt, ob			
	• äußerlich erkennbare Mängel und Schäden vorhanden sind?	☐	☐	
	• mechanische oder thermische Überbeanspruchungen erkennbar und vorhanden sind?	☐	☐	
	• Manipulationen erkennbar und vorhanden sind?	☐	☐	
	• Betriebsmittel und Anlagen äußeren Einflüssen (Umwelt- und Betriebsbedingungen) standhalten bzw. ob sie Normen und Vorschriften für besondere Räume, Betriebsstätten usw. noch entsprechen?	☐	☐	
	• die Betriebsmittel den Umgebungsbedingungen (IP-Schutzart) entsprechen bzw. noch entsprechen?	☐	☐	
	• der Schutz gegen direktes Berühren aktiver elektrischer Teile noch wirksam ist?	☐	☐	
	• die Schutzmaßnahmen gegen direktes Berühren noch den Normen entsprechen?	☐	☐	
	• alle Kabel, Leitungen und Stromschienen entsprechend Spannungsfall und Strombelastbarkeit noch richtig dimensioniert sind?	☐	☐	
	• Schutzvorrichtungen, Hilfsmittel und Unfallverhütungseinrichtungen vorhanden und in vorschriftsgemäßem Zustand sind?	☐	☐	

Nr.	Prüffrage	Beachtet Ja	Beachtet Nein	Bemerkungen
11.	Wird beim Besichtigen der Schutzmaßnahmen mit Schutzleiter sichergestellt, dass			
	• der Mindestquerschnitt von Schutz-, Erdungs- und Potentialausgleichsleitern eingehalten wird?	☐	☐	
	• Schutz-, Erdungs- und Potentialausgleichsleitern richtig verlegt und angeschlossen sind?	☐	☐	
	• die Kennzeichnung von Schutzleitern und deren Anschlüssen noch normengerecht ist?	☐	☐	
	• keine Verbindung und Verwechslung von Schutz- und Außenleitern vorliegt?	☐	☐	
	• keine Verwechslung von Schutz- und Neutralleitern vorliegt?	☐	☐	
	• Anschluss-, Trennstellen und Kennzeichnungen von Schutz- und Neutralleitern normengerecht sind?	☐	☐	
	• bei Steckvorrichtungen die Schutzkontakte wirksam sind?	☐	☐	
	• Schutz- und PEN-Leiter nicht allein schaltbar sind und keine Überstrom-Schutzeinrichtungen enthalten?	☐	☐	
	• Schutzeinrichtungen (Überstrom-, Fehlerstrom-Schutzeinrichtungen, Isolationsüberwachung usw.) nach Errichternorm noch vorhanden sind?	☐	☐	
12.	Wird durch Besichtigen bei Schutzmaßnahmen ohne Schutzleiter sichergestellt, dass			
	• Leitungen, Stromquellen und Betriebsmittel bei SELV, PELV, Schutztrennung entsprechend Errichtungsnorm noch vorhanden sind?	☐	☐	
	• keine Verwendung von SELV- und PELV-Steckvorrichtungen für andere Spannungen stattfindet?	☐	☐	
	• keine Verbindungen von aktiven SELV-Teilen mit Erdern, Schutzleitern oder aktiven Teilen anderer aktiver Stromkreise bestehen?	☐	☐	
	• bei SELV keine Verbindungen von Körpern mit Erdern, Schutzleitern oder aktiven Körpern anderer aktiver Stromkreise bestehen?	☐	☐	
	• Sekundärstromkreise bei Schutztrennung von Erde und anderen Stromkreisen sicher getrennt sind?	☐	☐	
	• bei vorgeschriebener Schutztrennung nur ein Verbraucher angeschlossen ist bzw. angeschlossen werden kann?	☐	☐	
	• bei Schutztrennung und mehreren Verbrauchern die Körper mittels ungeerdeter, isolierter Potentialausgleichsleiter verbunden sind?	☐	☐	
	• keine leitfähigen Teile schutzisolierter Betriebsmittel mit Schutzleitern verbunden sind?	☐	☐	
	• Körper in nichtleitenden Räumen sich nicht gleichzeitig berühren oder auch kein leitfähiges Teil berühren?	☐	☐	

Nr.	Prüffrage	Beachtet Ja	Beachtet Nein	Bemerkungen
13.	Wird durch Besichtigen sichergestellt, dass			
	• die Überstrom-Schutzeinrichtungen noch entsprechend den Leiterquerschnitten zugeordnet sind?	☐	☐	
	• die erforderlichen Überspannungs- bzw. Überstrom-Schutzeinrichtungen vorhanden und richtig eingestellt sind?	☐	☐	
	• die Schaltpläne, Beschriftungen, Kennzeichnungen von Stromkreisen und Betriebsanleitungen noch richtig und vorhanden sind?	☐	☐	
	• Unfallverhütungs- und Brandbekämpfungseinrichtungen vorhanden, vollständig, richtig bemessen sind und keine Mängel aufweisen?	☐	☐	
	• die Montagevorgaben der Hersteller eingehalten sind?	☐	☐	
	• der Zustand von Erdungsanlagen an ausgewählten Stellen die Anforderungen gemäß VDE 0101-2 erfüllt (angemessene Frist ca. alle fünf Jahre durch Aufgraben)?	☐	☐	
14.	Wird durch Besichtigen des Hauptpotentialausgleichs festgestellt, ob			
	• alle erforderlichen Leiter, Erder, Rohrsysteme und metallischen Gebäudekonstruktionsteile mit einer Potentialausgleichsschiene oder Haupterdungsklemme verbunden sind (Besichtigung des Hauptpotentialausgleichs auf Sicherung des Potentialausgleichs)?	☐	☐	
	• die Vorrichtungen zum Abtrennen von Erdungsleitern zugänglich sind?	☐	☐	

Aus dieser Checkliste ergeben sich folgende interne Maßnahmen und zu erledigende Fragestellungen:

	Zu erledigende Maßnahmen/ Fragestellungen	Termin (bis zum ...)	Erledigt Ja	Erledigt Nein	Datum, Unterschrift der Nachkontrolle
1.			☐	☐	
2.			☐	☐	
3.			☐	☐	
4.			☐	☐	
5.			☐	☐	
6.			☐	☐	

Datum, Unterschrift des Prüfers: _____

Prüfliste Umsetzung der Betriebssicherheitsverordnung

Firma und Stempel

Firma: _____

Betriebsteil: _____

Name des Prüfers: _____

Ort und Datum der Prüfung: _____, den _____
(Ort) (Datum)

Diese Checkliste unterstützt bei der Umsetzung der Regelungen der BetrSichV in bestehende Betriebsstrukturen (Stand: BetrSichV vom 3. Februar 2015 [BGBl. I S. 49], die zuletzt durch Artikel 1 der Verordnung vom 30. April 2019 [BGBl. I S. 554] geändert worden ist).

Nr.	Prüffrage	Beachtet Ja	Beachtet Nein	Bemerkungen
Anforderungen an die Gefährdungsbeurteilung				
Allgemeine Anforderungen				
1.	Wurden für die betriebseigenen Arbeitsmittel vor ihrer Verwendung entsprechende Gefährdungsbeurteilungen durchgeführt?	☐	☐	Gem. § 3 Abs. 3 BetrSichV soll die Gefährdungsbeurteilung bereits vor der Auswahl und Beschaffung der Arbeitsmittel begonnen werden. Dabei sind insbesondere die Eignung des Arbeitsmittels für die geplante Verwendung, die Arbeitsabläufe und die Arbeitsorganisation zu berücksichtigen.
2.	Werden bei Durchführung der Beurteilung alle Gefährdungen berücksichtigt, die von • den Arbeitsmitteln selbst, • der Arbeitsumgebung und • den Arbeitsgegenständen, an denen Tätigkeiten mit Arbeitsmitteln durchgeführt werden, ausgehen?	☐ ☐ ☐	☐ ☐ ☐	
3.	Wird gewährleistet, dass die Gefährdungsbeurteilung auch folgende Aspekte berücksichtigt: • Gebrauchstauglichkeit der Arbeitsmittel (unter ergonomischen, alters- und alternsgerechten Gesichtspunkten)? • sicherheitsrelevante sowie ergonomische Zusammenhänge zwischen Arbeitsplatz, -mittel, -verfahren, -organisation, -ablauf, -zeit und -aufgabe? • bei der Verwendung der Arbeitsmittel auftretende physische und psychische Belastungen für die Beschäftigten? • vorhersehbare Betriebsstörungen sowie Gefährdungen bei der Umsetzung von Maßnahmen zu deren Beseitigung?	☐ ☐ ☐ ☐	☐ ☐ ☐ ☐	
4.	Wird sichergestellt, dass die Gefährdungsbeurteilung den Mindestanforderungen gem. § 3 BetrSichV sowie der „LASI-Leitlinie für die Gefährdungsbeurteilung und Dokumentation" entspricht?	☐	☐	

Nr.	Prüffrage	Beachtet Ja	Beachtet Nein	Bemerkungen
5.	Wird sichergestellt, dass die mit der Durchführung beauftragte Person nachweislich über die hierfür notwendige Fachkunde verfügt bzw. sich fachkundig beraten lässt?	☐	☐	Die fachkundige Beratung kann insbesondere durch die Fachkraft für Arbeitssicherheit/den Betriebsarzt sowie innerbetriebliche Experten, wie z. B. Gefahrstoffbeauftragte oder Elektrofachkräfte erfolgen.
6.	Ist sichergestellt, dass innerbetriebliche Spezialisten (Fachkräfte für Arbeitssicherheit, Gefahrstoffbeauftragte, verantwortliche Elektrofachkräfte u. a.) beratend in die Beurteilung mit eingebunden werden?	☐	☐	Hinweis: Sowohl die Fachkraft für Arbeitssicherheit als auch der Betriebsarzt nehmen lediglich eine beratende Funktion wahr und sind trotz ihrer breit gefächerten Fachkunde nicht für die Durchführung der Gefährdungsbeurteilungen verantwortlich.
7.	Ist eine entsprechende Abgrenzung der jeweiligen Zuständigkeiten festgelegt worden?	☐	☐	Eine eindeutige Abgrenzung ist notwendig, um Überschneidungen bzw. Lücken zu vermeiden.
8.	Ist gewährleistet, dass Art und Umfang der erforderlichen Prüfungen anhand der durchgeführten Gefährdungsbeurteilung ermittelt und festgelegt werden?	☐	☐	
9.	Wird sichergestellt, dass die in Frage 8 genannte Festlegung begründet und dokumentiert wird?	☐	☐	
10.	Ist sichergestellt, dass bei den erforderlichen wiederkehrenden Prüfungen • die Fristen nach §§ 14 und 16 BetrSichV ermittelt und festlegt werden? • die sonst in der Verordnung aufgeführten Prüffristen eingehalten werden?	☐ ☐	☐ ☐	Geregelt werden in der Verordnung u. a. die Fristen für • Aufzugsanlagen (siehe BetrSichV Anhang 2, Abschnitt 2, Nr. 3 und 4) • explosionsgefährdete Anlagen (siehe Anhang 2, Abschnitt 3, Nr. 4 und 5) • Druckanlagen (siehe Anhang 2, Abschnitt 4, Nr. 4, 5 und 6) • Krane (siehe Anhang 3, Abschnitt 1, Nr. 3) • Flüssiggasanlagen (siehe Anhang 3, Abschnitt 2, Nr. 4) • maschinentechnische Arbeitsmittel der Veranstaltungstechnik (siehe Anhang 3, Abschnitt 3, Nr. 3).
11.	Ist organisatorisch gewährleistet, dass die Gefährdungsbeurteilung unverzüglich aktualisiert wird, wenn • sicherheitsrelevante Veränderungen der Arbeitsbedingungen auftreten? • neue Informationen (insbesondere aus dem Unfallgeschehen oder der arbeitsmedizinischen Vorsorge) vorliegen? • festgestellt wird, dass die festgelegten Schutzmaßnahmen nicht wirksam bzw. nicht ausreichend sind?	☐ ☐ ☐	☐ ☐ ☐	
12.	Sind entsprechende organisatorische Maßnahmen (z. B. Arbeitsanweisungen) eingeleitet, damit der Arbeitgeber bzw. die mit der Durchführung der Gefährdungsbeurteilung betrauten Personen unverzüglich entsprechende Informationen über sicherheitsrelevante Veränderungen, Unfälle, Beinahunfälle oder ähnliche Vorkommnisse erhalten?	☐	☐	Durch entsprechende Arbeitsanweisungen sollte festgelegt werden, dass • die Beschäftigten bzw. deren Vorgesetzte sicherheitsrelevante Veränderungen im Arbeitssystem sowie Unfälle, Beinahunfälle oder ähnliche Vorkommnisse und • Betriebsärzte bzw. Fachkräfte für Arbeitssicherheit Änderungen der Vorschriften und Normen dem Arbeitgeber bzw. den mit der Durchführung der Gefährdungsbeurteilung betrauten Personen die o. g. Informationen unverzüglich übermitteln.

Nr.	Prüffrage	Beachtet Ja	Beachtet Nein	Bemerkungen
13.	Ist sichergestellt, dass vor der erstmaligen Verwendung eines Arbeitsmittels das Ergebnis der hierfür durchzuführenden Gefährdungsbeurteilung dokumentiert wird?	☐	☐	Zwar lässt die Betriebssicherheitsverordnung in § 7 einige Erleichterungen in Bezug auf die Gefährdungsbeurteilung zu, jedoch ist auch für die hiervon betroffenen Arbeitsmittel grundsätzlich eine Gefährdungsbeurteilung durchzuführen. Diese ist zu dokumentieren.
14.	Enthält die in Frage 13 genannte Dokumentation alle nachfolgend genannten Angaben? • auftretende Gefährdungen • zu ergreifende Schutzmaßnahmen • Art, Umfang und Fristen erforderlicher Prüfungen • Ergebnis der Wirksamkeitsüberprüfung der getroffenen Schutzmaßnahmen	☐ ☐ ☐ ☐	☐ ☐ ☐ ☐	Wird von den in den technischen Regeln für Betriebssicherheit beschriebenen Schutzmaßnahmen abgewichen, muss nachgewiesen werden, dass das Schutzziel gleichwertig erreicht wird.
15.	Wird sichergestellt, dass die Verwendung von Arbeitsmitteln untersagt ist, • für die keine Gefährdungsbeurteilung durchgeführt wurde? • für die keine Schutzmaßnahmen nach dem Stand der Technik getroffen wurden? • die nicht nach dem Stand der Technik als sicher verwendbar anzusehen sind?	☐ ☐ ☐	☐ ☐ ☐	
16.	Werden die anstehenden Gefährdungsbeurteilungen so priorisiert, dass sie bei besonders gefahrenträchtigen Arbeitsmitteln (z. B. deren Schutzmaßnahmen nicht mehr dem Stand der Technik entsprechen) vorrangig durchgeführt werden?	☐	☐	Dies kann für die zuständigen Aufsichtsbehörden als Nachweis dienen, dass der Forderung nach einer dokumentierten Gefährdungsbeurteilung sinnvoll nachgekommen wird.
17.	Wird gem. § 14 bzw. Abschnitt 3 BetrSichV gewährleistet, dass prüfpflichtige Arbeitsmittel nur dann verwendet werden, wenn die hierfür erforderlichen Prüfungen durchgeführt bzw. dokumentiert sind?	☐	☐	Dieses Ziel kann z. B. erreicht werden, indem an den Arbeitsmitteln für jeden Nutzer leicht erkennbare Nachweise der letzten Prüfung (Prüfplaketten) angebracht und die Nutzer durch entsprechende Arbeitsanweisungen dazu verpflichtet werden, nur solche Arbeitsmittel zu verwenden, die geprüft worden sind und deren nächster Prüftermin noch nicht überschritten wurde. Die Wirksamkeit dieser Maßnahme ist zumindest stichprobenartig zu überprüfen.
18.	Wird sichergestellt, dass kein Arbeitsmittel bereitgestellt bzw. verwendet werden darf, dessen Mängel die sichere Verwendung beeinträchtigen?	☐	☐	Die Umsetzung dieser Forderung würde in letzter Konsequenz bedeuten, dass man als Arbeitgeber oder Führungskraft jederzeit über den Zustand eines jeden Arbeitsmittels im eigenen Verantwortungsbereich (also auch Steckdosenleisten etc.) informiert ist, was in der Praxis kaum umsetzbar ist. Ein Lösungsvorschlag könnte deshalb darin bestehen, besonders gefahrenträchtige Arbeitsmittel den Beschäftigten nicht direkt, sondern über Arbeitsmittelverantwortliche (z. B. Vorarbeiter, zentrale Werkzeugausgabestelle o. Ä.) zur Verfügung zu stellen. Für die restlichen Arbeitsmittel, an denen Mängel leicht feststellbar sind, können die Beschäftigten entsprechend unterwiesen werden, sodass sie selbst in die Lage versetzt werden, nicht betriebssichere Arbeitsmittel als solche zu erkennen und sie nicht zu verwenden.

Nr.	Prüffrage	Beachtet Ja	Beachtet Nein	Bemerkungen
19.	Wird gewährleistet, dass die Beschäftigten nur solche Arbeitsmittel verwenden, die ihnen durch den Arbeitgeber zur Verfügung gestellt wurden oder deren Verwendung er ausdrücklich gestattet hat?	☐	☐	
20.	Ist sichergestellt, dass vorhandene Schutzeinrichtungen verwendet werden?	☐	☐	Im Sinne der sog. T-O-P-Hierarchie ist dafür Sorge zu tragen, dass zunächst technische Schutzeinrichtungen (Abschrankungen, Zugriffs- oder Zutrittsüberwachungseinrichtungen etc.) hinsichtlich ihrer Anwendbarkeit überprüft werden. Ist ihre Anwendung nicht möglich oder lässt sich durch sie kein ausreichendes Sicherheitsniveau erreichen, sind nachfolgend organisatorische Schutzmaßnahmen (z. B. räumlich-zeitliche Trennung von Mensch und Gefahrenquelle) oder letztendlich personenbezogene Schutzmaßnahmen (z. B. persönliche Schutzausrüstungen) in Betracht zu ziehen. Der Gebrauch persönlicher Schutzausrüstungen ist auf das erforderliche Mindestmaß zu beschränken. Die Schutzmaßnahmen dürfen nicht auf einfache Weise manipuliert oder umgangen werden können.

Unterweisungspflichten

Nr.	Prüffrage	Beachtet Ja	Beachtet Nein	Bemerkungen
21.	Ist sichergestellt, dass vor der erstmaligen Verwendung von Arbeitsmitteln anhand der Gefährdungsbeurteilung abgeleitete Informationen zu • vorhandenen Gefährdungen bei der Verwendung von Arbeitsmitteln einschließlich damit verbundener Gefährdungen durch die Arbeitsumgebung, • erforderlichen Schutzmaßnahmen und Verhaltensregelungen, • Maßnahmen bei Betriebsstörungen, Unfällen und zur Ersten Hilfe bei Notfällen den Beschäftigten vollständig, rechtzeitig, und in angemessener sowie für die Beschäftigten verständlicher Form und Sprache zur Verfügung gestellt werden?	☐ ☐ ☐	☐ ☐ ☐	
22.	Ist gewährleistet, dass die Beschäftigten vor der Verwendung von Arbeitsmitteln tätigkeitsbezogen und anhand der unter Frage 21 aufgeführten Informationen unterwiesen werden?	☐	☐	
23.	Werden vor der erstmaligen Verwendung von Arbeitsmitteln den Beschäftigten schriftliche Betriebsanweisungen rechtzeitig zur Verfügung gestellt?	☐	☐	Anstelle einer Betriebsanweisung kann der Arbeitgeber auch eine mitgelieferte Gebrauchsanleitung zur Verfügung stellen, wenn diese Informationen enthält, die einer Betriebsanweisung entsprechen. Im Falle von einfachen Arbeitsmitteln, für die nach § 3 Abs. 4 des Produktsicherheitsgesetzes nach den Vorschriften zum Bereitstellen auf dem Markt eine Gebrauchsanleitung nicht mitgeliefert werden muss, entfällt die Anforderung.

Besondere Prüfpflichten

Nr.	Prüffrage	Beachtet Ja	Beachtet Nein	Bemerkungen
24.	Ist sichergestellt, dass Arbeitsmittel, deren Sicherheit von den Montagebedingungen abhängt, vor der ersten Verwendung geprüft worden sind?	☐	☐	

Nr.	Prüffrage	Beachtet Ja	Beachtet Nein	Bemerkungen
25.	Ist sichergestellt, dass Krane, maschinentechnische Arbeitsmittel der Veranstaltungstechnik sowie Flüssiggasanlagen • vor ihrer erstmaligen Inbetriebnahme, • vor der Wiederinbetriebnahme nach prüfpflichtigen Änderungen, • wiederkehrend nach den in Anhang 3 der BetrSichV jeweils aufgeführten Maßgaben bezüglich der Prüferqualifikationen und Fristen geprüft werden?	☐ ☐ ☐	☐ ☐ ☐	
26.	Ist gewährleistet, dass Arbeitsmittel nach Änderungen oder außergewöhnlichen Ereignissen, die schädigende Auswirkungen auf ihre Sicherheit haben, unverzüglich einer Prüfung durch eine zur Prüfung befähigte Person unterzogen werden?	☐	☐	
27.	Ist organisatorisch geregelt, dass die Ergebnisse der Prüfungen von nach § 14 Abs. 1 bis 4 prüfpflichtigen Arbeitsmitteln aufgezeichnet und mindestens bis zur nächsten Prüfung aufbewahrt werden?	☐	☐	Prüfungen können gemäß TRBS 1201 auch in elektronischen Systemen und zusätzlich in Form einer Prüfplakette dokumentiert werden.
28.	Wird sichergestellt, dass die Prüfaufzeichnungen Angaben enthalten über • die Art der Prüfung? • den Prüfumfang? • das Ergebnis der Prüfung? • Name und Unterschrift der zur Prüfung befähigten Person?	 ☐ ☐ ☐ ☐	 ☐ ☐ ☐ ☐	Gemäß TRBS 1201 müssen die Aufzeichnungen mindestens die folgenden Angaben enthalten: • Art und Umfang der Prüfung • Ergebnis der Prüfung • Name und Unterschrift der zur Prüfung befähigten Person • Anlass der Prüfung (z. B. wiederkehrende Prüfung) vgl. TRBS 1201 Abschnitt 8.3
29.	Ist gewährleistet, dass alle ausschließlich elektronisch übermittelten Dokumente mit einer elektronischen Signatur versehen sind?	☐	☐	
30.	Wird für Arbeitsmittel, die an unterschiedlichen Betriebsorten verwendet werden, organisatorisch sichergestellt, dass an deren Einsatzort ein Nachweis über die Durchführung der letzten Prüfung vorgehalten ist?	☐	☐	
31.	Ist sichergestellt, dass der zuständigen Behörde auf deren Verlangen nachfolgende Informationen, Nachweise oder Angaben richtig, vollständig und rechtzeitig übermittelt werden können? • Angaben über schwere Unfälle oder das Versagen sicherheitsrelevanter Bauteile bzw. Einrichtungen von Aufzügen, Anlagen in explosionsgefährdeten Bereichen oder unter Druck stehenden Anlagen und Arbeitsmitteln • die Dokumentation der Gefährdungsbeurteilung und die ihr zugrunde liegenden Informationen • Angaben zu den nach § 13 des Arbeitsschutzgesetzes verantwortlichen Personen • Angaben zu den getroffenen Schutzmaßnahmen einschließlich der Betriebsanweisung	 ☐ ☐ ☐ ☐	 ☐ ☐ ☐ ☐	

Nr.	Prüffrage	Beachtet Ja	Beachtet Nein	Bemerkungen
32.	Kann analog zu Frage 31 ebenfalls ein Nachweis übermittelt werden, dass bei der Erstellung der Gefährdungsbeurteilung folgende Aspekte berücksichtigt wurden:			
	• Gebrauchstauglichkeit der Arbeitsmittel einschließlich der ergonomischen, alters- und alternsgerechten Gestaltung?	☐	☐	
	• sicherheitsrelevante (einschließlich der ergonomischen) Zusammenhänge zwischen Arbeitsplatz, Arbeitsmittel, Arbeitsverfahren, Arbeitsorganisation, Arbeitsablauf, Arbeitszeit und Arbeitsaufgabe?	☐	☐	
	• physische und psychische Belastungen der Beschäftigten, die bei der Verwendung von Arbeitsmitteln auftreten?	☐	☐	
	• vorhersehbare Betriebsstörungen und die Gefährdungen bei Maßnahmen zu ihrer Beseitigung?	☐	☐	

Aus dieser Checkliste ergeben sich folgende interne Maßnahmen und zu erledigende Fragestellungen:

Nr.	Zu erledigende Maßnahmen/ Fragestellungen	Termin (bis zum …)	Erledigt Ja	Erledigt Nein	Datum, Unterschrift der Nachkontrolle
1.			☐	☐	
2.			☐	☐	
3.			☐	☐	
4.			☐	☐	
5.			☐	☐	
6.			☐	☐	
7.			☐	☐	
8.			☐	☐	
9.			☐	☐	
10.			☐	☐	

Datum, Unterschrift des Prüfers: _____

Dokumentationsblatt
Gefährdungsbeurteilung Prüfung elektrischer Arbeitsmittel

Firma und Stempel

Firma: _____

Abteilung/Dienststelle: _____

Arbeitsbereich/Einzeltätigkeit: _____

Ort und Datum der Prüfung: _____, _____
(Ort) (Datum)

Hinweise zur Nutzung der Tabellen:

Risikomatrix: Die Beurteilung der Gefährdungen erfolgt gemäß der nachstehenden Risikomatrix.

Eintrittswahrscheinlichkeit \ Folgen	keine Folgen (k. F.)	Bagatellfolgen (Bf.)	Verletzungs-/ Erkrankungsfolgen (Vf. / Ef.)	leichter bleibender Gesundheitsschaden (l. b. Gs.)	schwerer bleibender Gesundheitsschaden (s. b. Gs.)
nicht vorstellbar (n. v.)	0	0	0	1	1
äußerst gering (ä. g.)	0	0	1	3	4
vorstellbar (v.)	0	1	2	5	7
sehr hoch (s. h.)	0	1	3	7	10

Risikowert 0: akzeptierbares Restrisiko
Risikowert 1: Maßnahmen mittelfristig notwendig
Risikowert 2: Maßnahmen kurzfristig nötig
Risikowert 3–5: Sofortmaßnahmen nötig
Risikowert 6–10: Gefahr im Verzug, keine Weiterarbeit ohne umgesetzte Maßnahmen

Zu den typischerweise im Rahmen der Prüfung auftretenden Gefährdungen werden konkretisierende Beispiele für Gefährdungsquellen angegeben (in der nachfolgenden Tabelle kursiv und mit kleinerer Schrift dargestellt).

Nr.	Gefährdung durch	Bemerkungen zur Risikobewertung	Gefährdungsbeurteilung		
			Eintrittswahrscheinlichkeit	Folgen	Risikowert
1 Mechanische Gefährdungen					
1.1	ungeschützt bewegte Maschinenteile wie z. B. Anstoßstellen, Schneid-/Scher-/Stichstellen, Quetschstellen *Anlagenteile bei fest angeschlossenen Maschinen*				
1.2	Teile mit gefährlichen Oberflächen wie z. B. Ecken und Kanten, Spitzen und scharfe Kanten (Schneiden), raue Oberflächen *Mängel an oder in der Nähe von Prüflingen, z. B. scharfe Kanten an defekten Verteilergehäusen*				
1.3	bewegte Transport- und Arbeitsmittel (z. B. Fahrzeuge, Flurförderzeuge, Kräne, Hebezeuge) *Portalkräne bzw. eingehängte Lasten, wenn in Produktionsbereichen geprüft wird*				

Nr.	Gefährdung durch	Bemerkungen zur Risikobewertung	Gefährdungsbeurteilung		
			Eintritts-wahr-scheinlich-keit	Folgen	Risikowert
1.4	unkontrolliert bewegte Teile, die kippen, wegrollen, weggleiten oder sich lösen und herabfallen können *angebaute/eingespannte Teile (z. B. Schleifscheiben)*				
1.5	Ausrutschen, Stolpern, Umknicken, Fehltreten *Verunreinigungen in der Nähe der zu prüfenden Anlagenteile, z. B. Öle, Fette am Boden*				
1.6	Absturz *zu prüfende Anlagenteile in der Höhe oder in der Nähe von Wand-/Boden-/Deckenöffnungen*				
1.7					
1.8					
2 Elektrische Gefährdungen					
2.1	elektrischer Schlag *Prüfverfahren mit anliegender Netzspannung, Nichteinhaltung der fünf Sicherheitsregeln*				
2.2	Lichtbögen *bei vorhergehenden Prüfungen nicht erkannte Isolationsfehler*				
2.3	elektrostatische Aufladungen *elektrostatische Aufladungen begünstigende Prüfumgebung, zu prüfende Arbeitsmittel (z. B. Bandgeneratoren in Schulen)*				
2.4	elektromagnetische Felder *Bereiche mit elektromagnetischen Feldern*				
2.5					
2.6					
3 Gefahrstoffe					
3.1	mangelnde Hygiene beim Umgang mit Gefahrstoffen *unbeabsichtigter Kontakt oder Aufnahme von Gefahrstoffen*				
3.2	Hautkontakt mit Gefahrstoffen *Prüfung in Laboren, Lagerplätzen von Gefahrstoffen etc., Anhaftungen von Gefahrstoffen an den zu prüfenden Betriebsmitteln*				
3.3	Einatmen von Gefahrstoffen (Gase, Dämpfe, Nebel, Stäube einschließlich Rauche) *an benachbarten Arbeitsplätzen freigesetzte Gefahrstoffe*				

Nr.	Gefährdung durch	Bemerkungen zur Risikobewertung	Gefährdungsbeurteilung		
			Eintrittswahrscheinlichkeit	Folgen	Risikowert
3.4	physikalisch-chemische Gefährdungen (hervorgerufen durch Brand- und Explosionsgefährdungen, unkontrollierte chemische Reaktionen) *Entstehen von Bränden und Explosionen als Folge von Fehler- bzw. Ableitströmen oder Lichtbögen (z. B. bei Isolationsfehlern oder Anhaftungen entsprechend gefährlicher Stoffe)*				
3.5					
3.6					
4 Biologische Gefährdungen					
4.1	Infektionsgefährdungen durch pathogene Mikroorganismen wie Bakterien, Viren, Pilze *Anhaftungen (z. B. Tierkot an Anschlussleitungen, die im Außenbereich verwendet werden, oder an Betriebsmitteln, die in abwassertechnischen Anlagen verwendet werden)*				
4.2	sensibilisierende und toxische Wirkungen von Mikroorganismen *Verschleppungen von Gefahr- oder Biostoffen bei entsprechend kontaminierten Betriebsmitteln und mangelnder Hygiene*				
4.3					
4.4					
5 Brand- und Explosionsgefährdungen					
5.1	brennbare Feststoffe, Flüssigkeiten, Gase *Vorhandensein entsprechender Anhaftungen brennbarer Stoffe (z. B. an Luftein- und Luftaustrittsöffnungen, umlaufenden Teilen etc.)*				
5.2	explosionsfähige Atmosphäre				
5.3	Explosivstoffe				
5.4					
5.5					
6 Thermische Gefährdungen					
6.1	heiße Medien/Oberflächen/Emissionen *Durchführung von Prüfungen mit anliegender Netzspannung an wärmeabgebenden Betriebsmitteln (z. B. Heizlüfter, Lötkolben, Kaffeemaschinen etc.*				
6.2	kalte Medien/Oberflächen/Emissionen *Durchführung von Prüfungen mit anliegender Netzspannung an Kälte erzeugenden Betriebsmitteln*				

Nr.	Gefährdung durch	Bemerkungen zur Risikobewertung	Gefährdungsbeurteilung		
			Eintrittswahrscheinlichkeit	Folgen	Risikowert
6.3					
6.4					
6.5					
6.6					
7 Gefährdungen durch spezielle physikalische Einwirkungen					
7.1	Lärm *Umgebungslärm am Prüfplatz, Betriebsmittel mit lautem Betriebsverhalten (bei Prüfungen mit anliegender Netzspannung)*				
7.2	Ultraschall, Infraschall *mit anliegender Netzspannung durchgeführte Prüfung von ultra- bzw. infraschallemittierenden Betriebsmitteln*				
7.3	optische Strahlung (z. B. infrarote bzw. ultraviolette Strahlung, Laserstrahlung) *mit anliegender Netzspannung durchgeführte Prüfung strahlungsemittierender Betriebsmittel*				
7.4	ionisierende Strahlung (z. B. Röntgen-, Gamma-, Teilchenstrahlung) *Prüfung entsprechender Betriebsmittel (z. B. in medizinischen Bereichen oder Forschungseinrichtungen)*				
7.5	elektromagnetische Felder *Prüfung mit Netzspannung an Schweißgeräten, Elektromagneten etc.*				
7.6					
7.7					
8 Gefährdungen durch Arbeitsumgebungsbedingungen					
8.1	Klima (u. a. Hitze, Kälte, unzureichende Lüftung). *Arbeiten z. B. auf Dachböden, in Hallen nahe/ unter Blechdächern, in Heizungs- oder Maschinenräumen, in Kellerräumen mit hoher Luftfeuchte*				
8.2	Beleuchtung, Licht (z. B. Stärke, Blendung, Reflexion) *Blendungen sind insbesondere bei der Prüfung von Leuchten bei anliegender Netzspannung vorstellbar*				
8.3	unzureichende Flucht- und Verkehrswege, unzureichende Sicherheits- und Gesundheitsschutzkennzeichnung				

Nr.	Gefährdung durch	Bemerkungen zur Risikobewertung	Gefährdungsbeurteilung		
			Eintritts-wahr-scheinlich-keit	Folgen	Risikowert
8.4	unzureichende Bewegungsfläche am Arbeitsplatz, ungünstige Anordnung des Arbeitsplatzes, unzureichende Pausen-, Sanitärräume *Durchführung von Prüftätigkeiten, z. B. an geöffneten Verteilern, bei denen es aufgrund nicht ausreichenden Platzes und sicheren Stands zur unbeabsichtigten Berührung oder Überbrückung von Kontakten kommen kann*				
8.5					
8.6					
9 Physische Belastung / Arbeitsschwere					
9.1	schwere dynamische Arbeit (z. B. Heben, Halten und Tragen, Ziehen, Schieben) *verhinderter Zugang zu Prüfobjekten durch schwere Gegenstände*				
9.2	Haltungsarbeit (Zwangshaltung), Haltearbeit *Durchführung von Arbeiten in ungünstiger, belastender Körperhaltung, u.a. wenn sich zu prüfende Betriebsmittel an schlecht erreichbaren Stellen befinden (z. B. EDV-Geräte unter Tischen)*				
9.3	Kombination aus statischer und dynamischer Arbeit *Arbeiten im Stehen oder in Zwangshaltungen über längere Zeit und ohne Möglichkeit eines Positionswechsels*				
9.4					
9.5					
10 Psychische Faktoren					
10.1	ungenügend gestaltete Arbeitsaufgabe (überwiegend Routineaufgaben, Unter-/ Überforderung) *Fehlen der notwendigen Kenntnisse und Erfahrungen für Durchführung der Prüfungen*				
10.2	ungenügend gestaltete Arbeitsorganisation *Arbeiten unter hohem Zeitdruck, wechselnde und/oder lange Arbeitszeiten, häufige Nachtarbeit, kein durchdachter Arbeitsablauf, Wahrnehmung zusätzlicher Aufgaben neben der Prüftätigkeit (z. B. Rufbereitschaft zur Fehlerbeseitigung)*				
10.3	ungenügend gestaltete soziale Bedingungen, ungünstiges Führungsverhalten, Konflikte *Konflikte aufgrund von Störungen des Betriebsablaufs (z. B. Außerbetriebnahme von Betriebsmitteln) die für die Durchführung von Prüfungen erforderlich sind*				

Nr.	Gefährdung durch	Bemerkungen zur Risikobewertung	Gefährdungsbeurteilung		
			Eintrittswahrscheinlichkeit	Folgen	Risikowert
10.4	ungenügend gestaltete Arbeitsplatz- und Arbeitsumgebungsbedingungen *Lärm, Klima, räumliche Enge, unzureichende Wahrnehmung von Signalen und Prozessmerkmalen, unzureichende Softwaregestaltung*				
10.5					
10.6					
11 Sonstige Gefährdungen / Belastungen					
11.1	Tiere *Bisse, Insektenstiche*				
11.2	Pflanzen und pflanzliche Produkte (z. B. mit sensibilisierenden und toxischen Wirkungen) *Betriebsmittel, die im Außenbereich verwendet oder längere Zeit gelagert werden (z. B. Schimmelpilzsporen)*				
11.3					
11.4					

Zu Nr.	Technische, organisatorische und personenbezogene Maßnahmen zur Gegenabwehr	Erledigung (Verantwortlicher/Datum)		Überprüfung der Wirksamkeit (Verantwortlicher/Datum)		
		durch/bis	von/am	durch/am	Maßnahme wirksam?	nächste Prüfung

SICHERHEITS-UNTERWEISUNGEN

Erklärung über die erfolgte Unterweisung zur elektrotechnisch unterwiesenen Person (EuP)
gemäß der DGUV Vorschrift 3 bzw. 4
„Elektrische Anlagen und Betriebsmittel"

Unterwiesene Person:

Name: _____

Straße: _____

PLZ/Ort: _____

Auftraggeber:

Name: _____

Straße: _____

PLZ/Ort: _____

Hiermit erkläre ich, dass ich am _____ durch die für mich zuständige Elektrofachkraft, Herrn/Frau _____, unter deren Leitung und Aufsicht ich als elektrotechnisch unterwiesene Person ausschließlich tätig werde, eine elektrotechnische Unterweisung mit folgenden Inhalten erhalten habe:

- Elektrotechnische Grundgrößen (z. B. Strom, Spannung, Widerstand und Leistung) sowie deren Zusammenhänge
- Gefahren des elektrischen Stroms und anzuwendende Schutzmaßnahmen
- Verhalten bei Unfällen und sonstigen Notfallsituationen
- Schutzarten und Schutzklassen
- Aufbau und Funktion elektrischer Stromkreise
- Aufgaben und Verantwortlichkeiten der einzelnen Funktionsträger (Führungskräfte, Elektrofachkraft, …)
- Stellung der elektrotechnisch unterwiesenen Personen (Aufgaben und Verantwortlichkeiten)
- Abgrenzung der Weisungsbefugnisse (Führungskräfte vs. Elektrofachkraft)
- Bauteilkunde in Bezug auf Schalter und Steckdosen sowie Leuchtmittel
- typische Gefahrensituationen beim Auswechseln von Schalter- und Steckdosenrahmen sowie Leuchtmitteln
- typische äußerlich erkennbare Mängel an elektrischen Betriebsmitteln
- Präventivmaßnahmen zur Vermeidung von Fehlern und Mängeln
- Anforderungen an die Beleuchtung von Arbeitsplätzen
- Sachgerechter Umgang mit gefahrstoffhaltigen Leuchtmitteln, sachgerechte Entsorgung
- sachgerechte Sicherung von Mängeln, die nicht selbst behoben werden können
- _____

Die Inhalte dieser Einweisung habe ich verstanden und werde entsprechend den Unterweisungsinhalten tätig.

Den Anordnungen der Elektrofachkraft werde ich Folge leisten.

Für Rückfragen steht mir die Elektrofachkraft Herr/Frau _____ zur Verfügung.

Eine Zweitschrift dieser Erklärung wurde mir ausgehändigt.

Name: _____

Betrieb/Abteilung: _____

Ort, Datum: _____

_____
(Unterschrift der elektrotechnisch unterwiesenen Person)

_____
(Unterschrift der mit der Leitungs- und Aufsichtsführung beauftragten Elektrofachkraft)

Erklärung über die praktische Unterweisung als elektrotechnisch unterwiesene Person (EuP)
gemäß der DGUV Vorschrift 3 bzw. 4
„Elektrische Anlagen und Betriebsmittel"

Unterwiesene Person:

Name: _____

Straße: _____

PLZ/Ort: _____

Auftraggeber:

Name: _____

Straße: _____

PLZ/Ort: _____

Hiermit erkläre ich, dass ich am _____ durch die für mich zuständige Elektrofachkraft, Herrn/Frau _____, unter deren Leitung und Aufsicht ich als elektrotechnisch unterwiesene Person ausschließlich tätig werde, in dem Thema „Prüfung elektrischer Arbeitsmittel" unterwiesen wurde.

Inhalte der Unterweisung waren:
- Vorbereitende Schritte (Anmeldeverfahren, Auswahl und Vorbereitung des Arbeitsplatzes)
- Gefahren für Mensch und Umwelt
- Schutzmaßnahmen und Verhaltensregeln am Prüfplatz
- Verhalten im Gefahrenfall und bei Störungen
- Verhalten bei Unfällen
- Ablauf der Sichtprüfung
- Erläuterung des Prüfgeräts, Ablauf der messtechnischen Prüfungen
- Durchführung von Funktionsprüfungen
- Verfahren der Dokumentation, festgelegte Prüffristen, Vergabe von Prüfplaketten
- Umgang mit nicht betriebssicheren elektrischen Arbeitsmitteln
- _____

Im Rahmen der Unterweisung wurden die folgenden Arbeits- und Prüfanweisungen ausgegeben und erläutert:
_____
_____

Die Inhalte dieser Unterweisung habe ich verstanden und werde entsprechend den Unterweisungsinhalten tätig.

Den Anordnungen der Elektrofachkraft werde ich Folge leisten.

Für Rückfragen steht mir die Elektrofachkraft Herr/Frau _____ zur Verfügung.

Eine Zweitschrift dieser Erklärung wurde mir ausgehändigt.

Name: _____

Ort, Datum: _____

Betrieb/Abteilung: _____

_____
(Unterschrift der elektrotechnisch unterwiesenen Person)

_____
(Unterschrift der mit der Leitungs- und Aufsichtsführung beauftragten Elektrofachkraft)

Erklärung über die örtliche Einweisung als elektrotechnisch unterwiesene Person (EuP) gemäß der DGUV Vorschrift 3 bzw. 4 „Elektrische Anlagen und Betriebsmittel"

Unterwiesene Person:

Name: _____

Straße: _____

PLZ/Ort: _____

Auftraggeber:

Name: _____

Straße: _____

PLZ/Ort: _____

Hiermit erkläre ich, dass ich am _____ an der Arbeitsstelle _____ durch die für mich zuständige Elektrofachkraft, Herrn/Frau _____, unter deren Leitung und Aufsicht ich als elektrotechnisch unterwiesene Person ausschließlich tätig werde, eingewiesen wurde.

Inhalte der Unterweisung waren:
- Aufbau elektrischer Stromkreisverteilungen
- Anwendung der fünf Sicherheitsregeln
- Bauteilkunde (insbesondere in Bezug auf das Auswechseln von Schmelzsicherungen)
- typische Gefahrensituationen (z. B. aufgehobener Berührungsschutz)
- typische äußerlich erkennbare Mängel (z. B. Verfärbungen aufgrund Überlastung, fehlende Passhülse bzw. -schraube, fehlendes Schutzglas an Schraubkappe)
- Verhalten bei wiederholter Auslösung von Sicherungen
- sachgerechte Sicherung von Mängeln, die nicht selbst behoben werden können
- _____

Im Rahmen der Unterweisung wurden die folgenden Arbeits- und Prüfanweisungen ausgegeben und erläutert:
_____
_____

Die Inhalte dieser Unterweisung habe ich verstanden und werde entsprechend den Unterweisungsinhalten tätig.

Den Anordnungen der Elektrofachkraft werde ich Folge leisten.

Für Rückfragen steht mir die Elektrofachkraft Herr/Frau _____ zur Verfügung.

Eine Zweitschrift dieser Erklärung wurde mir ausgehändigt.

Name: _____   Betrieb/Abteilung: _____

Ort, Datum: _____

_____
(Unterschrift der elektrotechnisch unterwiesenen Person)

_____
(Unterschrift der mit der Leitungs- und Aufsichtsführung beauftragten Elektrofachkraft)

Sicherheitsunterweisung
Sicherheitsregeln für elektrotechnische Laien

Firma und Stempel

Angaben zum Unterweisenden: _____ Auftraggeber: _____

Name: _____ Vorname: _____

Qualifikation: _____

Tätigkeitsbeschreibung: _____

Arbeitsplatz/Tätigkeitsort: _____

Zweck

Ziel dieser Sicherheitsunterweisung ist es, den Mitarbeitern Kenntnisse über die erforderlichen Verhaltensregeln und Schutzmaßnahmen für den sicheren Umgang mit elektrischen Arbeitsmitteln und Anlagen zu vermitteln.

Allgemeine Gefährdungen für Mensch und Umwelt

- Gefahr durch die Folgen eines Kurzschlusses (z. B. Blenden und Verblitzen der Augen, Knalltrauma durch Lärm, Verbrennungen etc.)
- Gefahr durch die Folgen der Körperdurchströmung (leichter elektrischer Schlag bis hin zu schweren Verbrennungen)
- Gefahr durch Sekundärunfälle infolge eines elektrischen Schlags (z. B. Sturz bei Schreckreaktion auf elektrischen Schlag, Schnitte, Stiche, Quetschungen infolge des Zurückziehens der Hand aus dem Gefahrenbereich etc.)

Schutzmaßnahmen und Verhaltensregeln

Sicherheitsregeln für elektrotechnische Laien:
- Prüfen Sie vor dem Benutzen elektrischer Geräte oder Anlagen deren einwandfreien Zustand durch Sichtkontrollen.
- Bedienen Sie nur die dafür bestimmten Schalter und Stelleinrichtungen.
- Verändern Sie keine Einstellungen an Sicherheitseinrichtungen.
- Vermeiden Sie jegliche Feuchtigkeit und Nässe in der Nähe von elektrotechnischen Geräten oder Anlagen. Benutzen Sie grundsätzlich keine elektrischen Geräte und bedienen Sie keine elektrische Anlage mit nassen Händen oder Füßen

Ergänzende Regeln für besondere Situationen und Geräte:
- Führen Sie keine Reparaturen und „Bastelarbeiten" – auch noch so einfacher Art – an elektrischen Geräten und Anlagen durch, wenn Sie über die damit verbundenen Gefahren und die sichere Arbeitsweise keine ausreichenden Kenntnisse besitzen.
- Informieren Sie sich vor der Benutzung von Elektrohandwerkzeugen und anderen transportablen elektrischen Geräten über die besonderen Sicherheitsmaßnahmen. Halten Sie die Sicherheitsmaßnahmen strikt ein. Dies gilt insbesondere beim Einsatz unter besonderen Umgebungsverhältnissen, wie z. B. extremer Hitze, Kälte, bei Nässe, chemischen Einflüssen oder auch in feuer- bzw. explosionsgefährdeten Bereichen.
- Öffnen Sie nie Schutzabdeckungen an und Zugänge zu elektrischen Betriebsstätten oder Schaltanlagen.
- Achten Sie auf Kennzeichnungen oder Absperrungen, die Sie vor einer Berührung unter Spannung stehender Leitungen bzw. Teile warnen oder schützen sollen.
- Führen Sie Arbeiten in gefährlicher Nähe elektrischer Anlagen nur nach Anweisung einer verantwortlichen Elektrofachkraft durch.
- Vor Beginn der Arbeiten in der Nähe von Freileitungen oder Kabeln sind besondere Schutzmaßnahmen zu treffen. Informieren Sie sich über die Regelungen, die für solche Arbeiten vom Betreiber der Anlage festgelegt worden sind, und halten Sie sich daran.

Sich für die tägliche Praxis daraus ergebende Verhaltensweisen:
- Benutzen Sie nur solche elektrischen Betriebsmittel, die für den jeweiligen Einsatz hinsichtlich Belastbarkeit und der Nutzungsdauer geeignet sind.
- Lesen Sie vor der erstmaligen Benutzung eines neuen Geräts die Gebrauchsanweisung und beachten Sie diese.
- Unterziehen Sie die elektrischen Betriebsmittel vor der Benutzung einer Sichtprüfung auf äußerlich einwandfreien Zustand und überprüfen Sie, ob die Isolation des Geräts, der Anschlussleitung, des Steckers und des Knickschutzes bei Elektrowerkzeugen intakt ist.
- Gehen Sie sorgfältig mit elektrischen Betriebsmitteln um.

- Hängen Sie Geräte oder Betriebsmittel nicht an der Leitung hoch.
- Schützen Sie insbesondere Leitungen und Steckvorrichtungen vor rauer Behandlung.
- Ziehen Sie Geräteanschluss- oder Verlängerungsleitungen stets am Stecker aus der Steckdose, nie an der Leitung selbst.
- Überfahren Sie nicht auf dem Boden liegende Leitungen bzw. sorgen Sie dafür, dass diese nicht überfahren werden können.
- Sorgen Sie dafür, dass Zuleitungen keine Stolperstellen bilden.
- Klemmen Sie Leitungen und Kabel niemals ein.
- Knicken Sie Kabel oder Leitungen niemals ab.
- Schalten Sie Geräte stets mit dem Schalter ein und aus, nicht durch Einstecken oder Herausziehen des Steckers.
- Ziehen oder zerren Sie nicht an Kabeln.
- Vermeiden Sie jegliche Feuchtigkeit und Nässe in der Nähe von elektrischen Geräten oder Anlagen.
- Benutzen Sie Geräte nicht mit nassen Händen und Füßen.
- Entziehen Sie beschädigte Geräte oder Anlagen der Benutzung durch andere Personen.
- Weisen Sie auf bestehende Gefahren deutlich hin, wenn Sie die Gefahr nicht beseitigen können.
- Manipulieren Sie nicht Sicherheitseinrichtungen.
- Lagern Sie elektrische Geräte und Maschinen so, dass keine Feuchtigkeit in die Geräte und Maschinen gelangt.
- Wenn Sie beim Betrieb von elektrischen Geräten Brandgeruch wahrnehmen oder aus Steckverbindungen knisternde Geräusche zu hören sind, schalten Sie das Gerät sofort ab, ziehen Sie den Stecker (falls vorhanden) und melden Sie den Schaden. Knisternde Geräusche weisen auf ungenügende Kontakte und Kriechströme hin, die zu einem Brand führen können.
- Schalten Sie mobile Steckdosenverbindungen nicht hintereinander, da die Leisten dann mit zu vielen Verbrauchern belastet werden können. Auf manchen Leisten steht die maximal zulässige Leistung auf der Rückseite. Als Grundregel gilt eine Obergrenze von 3.000 Watt – als Summe aller angeschlossenen Geräte (eine Kaffeemaschine hat ca. 1.000 Watt).
- Elektrogeräte, bei deren Gebrauch immer wieder die Sicherung ausgelöst wird, überlasten den Anschluss oder sind nicht in Ordnung. Entziehen Sie ein solches Gerät der Benutzung.
- Aus Brandschutzgründen sollten Sie die Forderung der Feuerwehr beachten, dass elektrisch betriebene Geräte nie in Fluren, Gängen und Treppenhäusern aufgestellt werden dürfen, da sie ein potenzielles Brandrisiko aufweisen.
- Beachten und befolgen Sie Warnhinweise und Gebote.

Verhalten bei Störungen

- Schalten Sie bei Störungen sofort die Spannung ab, ziehen Sie den Stecker. Tun Sie danach nur das, was Sie gefahrlos beherrschen.
- Melden Sie Schäden oder ungewöhnliche Erscheinungen an elektrischen Geräten oder Anlagen sofort der Elektrofachkraft oder Ihrem Vorgesetzten.
- Verwenden Sie das betroffene Gerät (oder die Anlage) niemals weiter und entziehen Sie es der Benutzung durch andere Personen.
- Beheben Sie Störungen niemals selbst. Störungen dürfen nur von ausgebildeten Fachkräften beseitigt werden.
- Weisen Sie auf Gefahren hin.
- Wenn notwendig, sichern Sie den Gefahrenbereich.

Verhalten bei Unfällen, Erste Hilfe

- Retten Sie Verletzte. Achten Sie dabei unbedingt auf Selbstschutz, d.h., schalten Sie die Spannung ab, trennen Sie Verunfallten mit nichtleitendem Gegenstand von der Spannung.
- Sichern Sie die Unfallstelle ab.
- Leisten Sie Erste Hilfe und führen Sie – je nach Schwere der Verletzung – eine Atemstillstands- und Herztätigkeitskontrolle durch. Führen Sie ggf. Wiederbelebungsmaßnahmen durch.
- Ziehen Sie Ersthelfer heran; Ersthelfer: _____
- Setzen Sie je nach Schwere der Verletzungen einen Notruf ab. Notruf: 112.
- Weisen Sie die Rettungskräfte ein und machen Sie sie auf besondere Gefahren aufmerksam.
- Melden Sie den Unfall unverzüglich Ihrem Vorgesetzten oder dessen Vertreter.
- Führen Sie Eintragungen im Verbandbuch durch.
- Bewahren Sie Ruhe.

Instandsetzung und sachgerechte Entsorgung

- Lassen Sie Störungen und Reparaturen nur durch beauftragte Personen bzw. Fachfirmen beheben.
- Beachten Sie die Herstellerangaben in der Bedienungsanleitung.
- Prüfen Sie nach Wartung und Instandsetzung das Gerät/die Anlage auf Sicherheit und Funktionsfähigkeit der Schutzmaßnahmen.

Unterweisungsbestätigung

Datum, Unterschrift Unterweisender: _____

Die Unterweisung wurde gelesen und verstanden:

	Name des Mitarbeiters	Funktion	Unterschrift
1			
2			
3			
4			
5			
6			
7			
8			
9			
10			

An der Unterweisung konnten nachfolgende Beschäftigte nicht teilnehmen und müssen nachunterwiesen werden:

	Name des Mitarbeiters	Funktion	Nächster Termin
1			
2			
3			
4			
5			

Unterweisungsmerkblatt
Erste Hilfe bei Stromunfällen

Firma und Stempel

Angaben zum Unterweisenden: _____ Auftraggeber: _____

Name: _____ Vorname: _____

Qualifikation: _____

Arbeitsplatz/Tätigkeitsort: _____

Zweck

Ziel dieser Sicherheitsanweisung ist es, den Mitarbeitern die erforderlichen Kenntnisse zu vermitteln, um in Notfallsituationen richtig zu handeln.

Allgemeines

- Jeder Mitarbeiter ist verpflichtet, bei einem Stromunfall Erste Hilfe zu leisten (siehe § 323c StGB „Unterlassene Hilfeleistung").
- Erste-Hilfe-Ausrüstung und -Einrichtungen (Verbandkasten, Sanitätsraum u.a.) müssen zur Verfügung stehen. Jedem Mitarbeiter soll bekannt sein, wo sich diese befindet.
- Jede Erste-Hilfe-Maßnahme (auch die Ausgabe eines Pflasters) soll im Verbandbuch eingetragen werden. Dieser Eintrag ist wichtig, damit das Unfallgeschehen jederzeit nachvollzogen werden kann. Bei Zweifeln, ob ein Arbeitsunfall vorliegt, dienen die Eintragungen als Nachweis.
- Unfallhilfe erfolgt bei geringer Verletzung durch die Ersthelfer, darüber hinaus durch entsprechend ausgebildete Ärzte (siehe Notrufe auf den Notfall-Aushängen).
- Alarmeinrichtungen müssen vorhanden sein (bspw. Rauchmelder).
- Die betrieblich festgelegten Abläufe und Verfahrensanweisungen bei Notfällen müssen eingehalten werden.
- Alle Unfälle sind unverzüglich dem Vorgesetzten und Sicherheitsbeauftragten zu melden.
- Es ist eine offizielle Unfallanzeige an die Unfallkasse zu erstatten.

Ohm'sches Gesetz

Grundsätzlich nimmt der Strom den Weg des geringsten Widerstands, auch durch den menschlichen Körper.
In Anwendung des Ohm'schen Gesetzes hängen damit die Folgen eines Stromunfalls physikalisch von folgenden Faktoren ab:

- Stromstärke
- Spannung des Stroms
- Frequenz des Stroms (Wechselspannung <-> Gleichstrom)
- Dauer der Stromeinwirkung
- Widerstand (des menschlichen Körpers)
- Weg des Stroms (durch den menschlichen Körper)

Folgen eines Stromunfalls

Mögliche Wirkungen von Strom auf den menschlichen Körper:
1. Verkrampfungen der Muskulatur (Muskelkontrakturen)
2. kardiale Wirkungen (Rhythmusstörungen, ggf. Herzkammerflimmern oder Asystolie)
3. Störungen des Nervensystems
4. thermische Störungen (Verbrennungen, Verkochungen)
5. Sekundärverletzungen, z. B. durch Traumatisierungen (Sturz)

Mögliche Beschwerde:

- Schon eine sehr kurze Stromeinwirkung kann die Herztätigkeit lebensbedrohlich stören (Herzkammerflimmern). Das Herz hat in diesem Zustand keine Pumpwirkung mehr, was einem Herz-Kreislauf-Stillstand gleichkommt, weswegen der Verunfallte leblos vorgefunden wird.
- Aufgrund der Wechselspannung kann es zu zeitkritischen kardialen Problemen kommen: Herzrhythmusstörungen können noch 24 bis 48 Stunden nach dem Ereignis auftreten.
- Auch die Gehirnfunktion kann erheblich gestört werden, was Bewusstlosigkeit, Krämpfe und Atemstillstand als Folgen haben kann.

- Bei kurzer Stromeinwirkung und geringer elektrischer Energie treten Beschwerden wie Atemnot, Krampfgefühl in der Brust, Angstzustände, Herzjagen, Unruhe und Schwitzen auf. Diese Beschwerden klingen wieder ab.
- Bei Körperdurchströmung unter erhöhter Spannung sind folgende Beschwerden möglich: Haut- und Gewebeschäden mit sog. Strommarken (Verbrennungen an den Ein- und Austrittsstellen des Stroms), Störungen der Herztätigkeit (Herzrhythmusstörungen, schlimmstenfalls Herzstillstand), Schädigungen an Gehirn und Nervensystem, welche Schmerzen, Lähmungen, Krämpfe und Bewusstlosigkeit verursachen.

Grundsätze der richtigen Erste-Hilfe-Leistung

- Beim Berühren von unter Spannung stehenden Teilen besteht Lebensgefahr! Deshalb immer auf Selbstschutz achten! Bei unbekannten Spannungen immer mindestens 5 m Sicherheitsabstand einhalten!
- Nach einem Stromschlag können Muskelverkrampfungen entstehen, wodurch Verunfallte das versehentlich angefasste spannungsführende Teil nicht mehr loslassen können. Der Stromkreis, in dem sich die verunglückte Person befindet, ist zu unterbrechen. Hierfür ist die Spannung wie folgt abzuschalten:
  - Ausschalter betätigen
  - Stecker ziehen
  - Sicherungen herausnehmen
  - gegen Wiedereinschalten sichern
- Sind diese Maßnahmen nicht sofort durchführbar:
  - Sich selbst isoliert aufstellen (z. B. trockenes Brett, trockene Kleidung, dicke trockene Zeitung) und nichts berühren.
  - Verunglückten mit einem nichtleitenden Gegenstand (z. B. Holzlatte) bzw. mit isolierenden Gegenständen wie Kleidungsstücken, Decken o. Ä von den unter Spannung stehenden Teilen trennen.
- Erste-Hilfe-Maßnahmen einleiten:
  - Verletzten in Ruhelage bringen
  - Ansprechbarkeit überprüfen, Kontrolle von Atmung und Puls
  - Erste Hilfe je nach Verletzung durchführen
  - Rettungsdienst oder Notarzt rufen (Notruf: 112) mit Hinweis auf Niederspannungsunfall
  - Verunglückte warm halten (Rettungsdecke)

Der Verletzte ist grundsätzlich mit dem Rettungswagen zu transportieren (nicht mit dem eigenen Pkw).

Verhalten bei einem Notfall

Notruf absetzen: Tel.: 110/112

Die fünf W-Fragen des Notrufs

Wo ist es passiert? – Genaue Angaben über den Notfallort, exakte Adresse, markante Punkte ...

Was ist passiert? – Kurzbeschreibung, was passiert ist.

Wie viele Verletzte/Kranke? – Wenn mehr als eine Person betroffen ist, ungefähre Angabe der Anzahl der Verletzten.

Welche Art von Verletzungen/Erkrankungen? – Grobbeschreibung der möglichen/angenommenen Verletzung oder Unfallfolgen.

Warten auf Rückfragen! – Nicht auflegen. Der Disponent beendet das Gespräch.

Hinweis: Ein genauer Notruf ist das Fundament für einen reibungslosen Rettungseinsatz.

Die Rettungskette

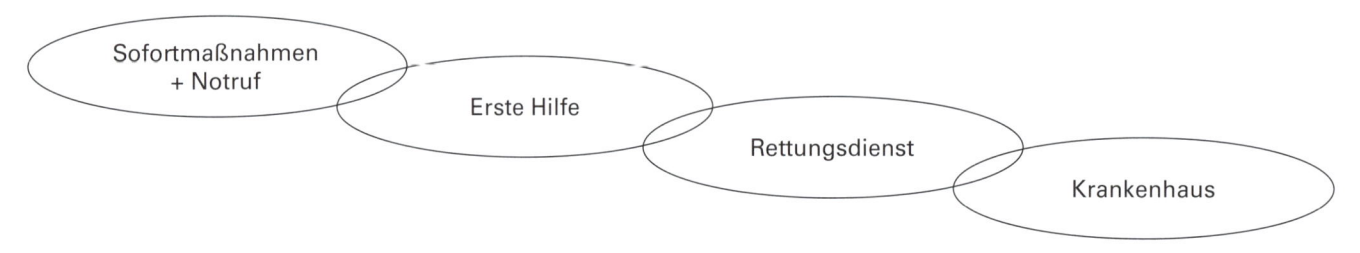

Sofortmaßnahmen + Notruf → Erste Hilfe → Rettungsdienst → Krankenhaus

Unterweisungsbestätigung

Datum, Unterschrift
Unterweisender: _____

Die Unterweisung wurde gelesen und verstanden:

	Name des Mitarbeiters	Funktion	Unterschrift
1			
2			
3			
4			
5			
6			
7			
8			
9			
10			

An der Unterweisung konnten nachfolgende Beschäftigte nicht teilnehmen und müssen nachunterwiesen werden:

	Name des Mitarbeiters	Funktion	Nächster Termin
1			
2			
3			
4			
5			

ARBEITS- UND BETRIEBS-ANWEISUNGEN

Firma: _____	**BETRIEBSANWEISUNG**	Firmenstempel:
Abteilung/Arbeitsplatz: _____	**gem. § 12 BetrSichV**	
Tätigkeit: _____	**Geltungsbereich**	
Verantwortlich: _____	**Arbeitsmittel, Maschinen und Arbeitsverfahren**	
Datum: _____	**Arbeiten an elektrischen Anlagen**	
Unterschrift: _____		

1 ANWENDUNGSBEREICH

Diese Betriebsanweisung gilt für das Arbeiten an elektrischen Anlagen.

2 GEFAHREN FÜR MENSCH UND UMWELT

- Schwere bis tödliche Verletzungsgefahren durch Stromschlag. Lebensgefahr ab 50 V Wechselspannung bzw. 120 V Gleichspannung.
- Gefahr durch Spannungsüberschlag bei hohen Spannungen ohne direkte Berührungen.
- Besondere Gefahr bei Arbeiten an elektrischen Anlagen in feuchter oder nasser Umgebung.
- Erhöhte Gefahr bei Elektroarbeiten in engen Räumen oder Behältern.
- Gefahr für Herzschrittmacher-/Prothesenträger bei starken elektromagnetischen Feldern.
- Sturz- und Stolpergefahren durch herumliegende Teile und Werkzeuge.
- Absturzgefahr bei Arbeiten auf Leitern und Gerüsten.

3 SCHUTZMASSNAHMEN UND VERHALTENSREGELN

- Arbeiten an elektrischen Anlagen dürfen nur durch ausgebildete Elektrofachkräfte erfolgen.
- Vor Aufnahme der Arbeiten an elektrischen Anlagen müssen diese spannungsfrei geschaltet werden, die Spannungsfreiheit muss überprüft und vor Wiedereinschalten gesichert werden.
- Bei Anlagen größer 1 kV zusätzlich erden und/oder kurzschließen.
- Fünf Sicherheitsregeln befolgen.
- Entladezeit von Kondensatoren berücksichtigen.
- Spannungsprüfer vor dem Einsatz testen.
- Feuchte und nasse Arbeitsumgebung meiden.
- Reinigungsarbeiten und Arbeiten mit Wasser an der Anlage sowie der Einsatz von Lösemitteln, brennbaren Stoffen, Aerosolen und Gasen sind verboten!
- Feuer, offenes Licht sowie Rauchen während der Elektroarbeiten sind verboten!
- Auf elektromagnetische Felder achten.
- Arbeiten unter Spannung (AuS) / in der Nähe von Spannung (AiN):
  - Freiliegende aktive Teile abdecken und gegen Berühren sichern.
  - Standplatz isolieren.
  - Nur isolierte Werkzeuge benutzen und isolierte Schutzkleidungen tragen.
  - Vorschriften zum Arbeiten unter Spannung oder in der Nähe von Spannung
  - beachten!
- Arbeiten in engen Räumen oder Behältern:
  - Zusätzliche Schutzmaßnahmen treffen!

4 VERHALTEN BEI STÖRUNGEN

- Störungen unverzüglich dem Vorgesetzten melden und Arbeiten bis zum Beheben der Störungen einstellen.
- Störungen niemals selbst beheben.
- Störungen dürfen nur von ausgebildeten Fachkräften behoben werden.

5 VERHALTEN BEI UNFÄLLEN, ERSTE HILFE

- Verletzte retten. Dabei unbedingt auf Selbstschutz achten, d.h., Spannung abschalten, Verunfallten mit nichtleitendem Gegenstand von der Spannung trennen.
- Unfallstelle absichern.
- Erste Hilfe leisten, Bewusstsein prüfen und je nach Schwere der Verletzung Atemstillstands- und Herztätigkeitskontrolle durchführen. Gegebenenfalls Wiederbelebungsmaßnahmen durchführen.
- Ersthelfer heranziehen; Ersthelfer: _____
- Je nach Schwere der Verletzungen Notruf absetzen. Notruf: 112
- Rettungskräfte einweisen und auf besondere Gefahren aufmerksam machen.
- Unfall unverzüglich melden (Vorgesetzter oder dessen Vertreter).
- Eintragungen im Verbandbuch durchführen.
- Ruhe bewahren.

6 INSTANDHALTUNG, ENTSORGUNG

- Das Beheben von Störungen und Reparaturen nur durch beauftragte Personen bzw. Fachfirmen durchführen lassen.
- Herstellerangaben in der Bedienungsanleitung beachten.
- Nach Wartung und Instandsetzung ist die Anlage auf Sicherheit und Funktionsfähigkeit der Schutzmaßnahmen zu prüfen.
- Stationäre elektrische Anlagen sind alle vier Jahre wiederkehrend zu prüfen.

Datum: Unterschrift:

Verteiler:
_____
_____
_____
_____

Firma: _____	**BETRIEBSANWEISUNG**	Firmenstempel:
Abteilung/Arbeitsplatz: _____	**gem. § 12 BetrSichV**	
Tätigkeit: _____	**Geltungsbereich**	
Verantwortlich: _____	Arbeitsmittel, Maschinen und Arbeitsverfahren	
Datum: _____	**Arbeiten unter Spannung**	
Unterschrift: _____		

1 ANWENDUNGSBEREICH

- Diese Betriebsanweisung gilt für Arbeiten unter Spannung. Diese Arbeiten dürfen nur von unterwiesenen Elektrofachkräften oder unter ihrer Aufsicht und Leitung durchgeführt werden.

2 GEFAHREN FÜR MENSCH UND UMWELT

- Körperdurchströmungen und als Folge: Verkrampfungen, Herzkammerflimmern, innere Verbrennungen bis hin zu Herzstillstand.
- Verbrennungsgefahr durch Lichtbogenbildung bei Kurzschlüssen oder Erdschlüssen.
- Brandgefahr durch unzulässige Erhitzung der elektrischen Anlagen und Betriebsmittel.
- Gefahr durch Absturz bei Arbeiten auf Leitern und Gerüsten sowie an hochgelegenen Arbeitsplätzen.

3 SCHUTZMASSNAHMEN UND VERHALTENSREGELN

- Arbeiten an unter Spannung stehenden elektrischen Anlagen und Betriebsmitteln sowie an unter Spannung stehenden elektrischen Anlagenteilen dürfen nur durch Elektrofachkräfte ausgeführt werden.
- Arbeiten an aktiven Teilen dürfen erst nach Sicherstellen des spannungsfreien Zustands und nur unter konsequenter Anwendung der **fünf Sicherheitsregeln** durchgeführt werden:
  - **Freischalten**
  - **Gegen Wiedereinschalten sichern**
  - **Spannungsfreiheit feststellen**
  - **Erden und Kurzschließen**
  - **Benachbarte, unter Spannung stehende Teile abdecken oder abschranken**
- Standort isolieren.
- Nur isoliertes Werkzeug benutzen und isolierende Schutzschuhe tragen.
- Gesichtsschutz tragen.

4 VERHALTEN BEI STÖRUNGEN

Bei unvorhergesehenen Ereignissen und Störungen ist der Vorgesetzte zu informieren und weitergehende Maßnahmen sind abzustimmen.
Vor jeder Störungsbeseitigung muss geprüft werden, ob die Spannungsfreiheit hergestellt werden muss. Wenn ja: konsequente Anwendung der fünf Sicherheitsregeln:
  - **Freischalten**
  - **Gegen Wiedereinschalten sichern**
  - **Spannungsfreiheit feststellen**
  - **Erden und Kurzschließen**
  - **Benachbarte, unter Spannung stehende Teile abdecken oder abschranken**

5 VERHALTEN BEI UNFÄLLEN, ERSTE HILFE

- Unfallstelle absichern!
- Erste Hilfe leisten und auf Selbstschutz achten!
- Verbrennungen mit Wasser abkühlen.
- Bei fehlender Atmung, fehlendem Puls sofort Herz-Lungen-Wiederbelebungsmaßnahmen einleiten.
- Wenn kein Atem- und Kreislaufstillstand vorliegt, sofort stabile Seitenlage herstellen.
- Je nach Schwere der Verletzungen Notruf absetzen. Notruf 112.
- Unfall unverzüglich melden. Vorgesetzte informieren.
- Eintragung in das Verbandbuch vornehmen.
- Erste-Hilfe-Einrichtungen (Standort):_____
- Laien-Defibrillatoren (Standort):_____

6 INSTANDHALTUNG, ENTSORGUNG

- Vor jedem Gebrauch sind die Persönliche Schutzausrüstung, Werkzeuge und sonstigen Hilfsmittel auf Mängel zu überprüfen.
- Isolierte Werkzeuge und Hilfsmittel stets sauber und trocken aufbewahren.

Datum: Unterschrift:

Verteiler:
_____
_____
_____
_____

Firma: _____		Firmenstempel:
Abteilung/Arbeitsplatz: _____	**ARBEITSANWEISUNG**	
Tätigkeit: _____		
Verantwortlich: _____		
Datum: _____		
Unterschrift: _____		

PRÜFUNG ORTSVERÄNDERLICHER ELEKTRISCHER ARBEITSMITTEL

1 ANWENDUNGSBEREICH

- Diese Arbeitsanweisung gilt für die Prüfung von ortsveränderlichen, mit Wechselstrom-Schutzkontakt-Steckvorrichtungen ausgestatteten sowie mit den rechts abgebildeten Barcode-Aufklebern versehenen elektrischen Arbeitsmitteln unter Verwendung des Prüfgeräts _____.

2 GEFAHREN FÜR MENSCH UND UMWELT

1. Gefahren durch ungewolltes Inbetriebsetzen bei anliegender Netzspannung, z. B.
   - ungeschützt bewegte Maschinenteile und unkontrolliert bewegte Teile
   - heiße bzw. kalte Oberflächen
   - elektrische Felder
   - freigesetzte Strahlung (z. B. Blendung durch intensive Lichtquellen)
2. Gefahren durch elektrische Körperdurchströmung und Lichtbögen
3. Kontakt mit anhaftenden Gefahrstoffen (z. B. bei Prüfungen in naturwissenschaftlichen Unterrichtsräumen)
4. Infektionsgefahren (z. B. bei stark verschmutzten Arbeitsmitteln)
5. Brandgefahren (z. B. bei nicht festgestellten Mängeln und anliegender Netzspannung oder bei unbewusster Inbetriebsetzung und vorhandenen leicht entflammbaren Materialien)

3 SCHUTZMASSNAHMEN UND VERHALTENSREGELN

1. Die Inhalte dieser Arbeitsanweisung sind zu befolgen. In Einzelfällen notwendige Abweichungen hiervon müssen mit der zuständigen zur Prüfung befähigten Person _____, Tel. _____ im Vorfeld abgestimmt werden.
2. Wird bei einem Prüfschritt ein Mangel festgestellt, der bei der weiteren Verwendung zu einer Gefährdung führen kann, ist die Prüfung abzubrechen, das Betriebsmittel als „Defekt" zu kennzeichnen und in der von der verantwortlichen Führungskraft bezeichneten Weise der weiteren Nutzung zu entziehen.
3. In Zweifelsfällen ist die zuständige befähigte Person zu informieren.
4. Nicht mit Barcode-Aufkleber versehene Arbeitsmittel gelten als unbestimmt. Diese Arbeitsmittel dürfen erst nach einer erfolgten Klärung des weiteren Vorgehens durch die zuständige Führungskraft unter Beteiligung der befähigten Person geprüft werden.
5. Die unter Punkt 7 „Arbeitsablauf" dieser Arbeitsanweisung vorgegebene Prüfreihenfolge ist strikt einzuhalten. Wird im Zuge der Prüfung auch nur eine Teilprüfung nicht bestanden, gilt ab diesem Zeitpunkt das Arbeitsmittel als durchgefallen, wodurch keine weiteren Prüfungen mehr an diesem Arbeitsmittel durchzuführen sind.
6. Die zu prüfenden Arbeitsmittel dürfen nicht mittels Werkzeugen oder anderer Hilfsmittel geöffnet werden. Reparaturen dürfen nur von Elektrofachkräften durchgeführt werden.
7. Insbesondere im Außenbereich benutzte Anschlussleitungen können mit infektiösem Material (z. B. Tierkot) verunreinigt sein oder an ihnen können spitze bzw. scharfkantige Gegenstände anhaften. Bei der Tastprobe sind deshalb die zur Verfügung gestellten Arbeitshandschuhe zu benutzen.

8. Für die Prüfung von Arbeitsmitteln, die beim Anlauf zu einer Gefährdung führen können (z. B. Winkelschleifer, Stichsägen, Bohrmaschinen), ist die Fixierhilfe zu benutzen.
9. Bis zur Feststellung der Mängelfreiheit sind berührbare leitfähige Teile nur mit der Prüfsonde zu kontaktieren.
10. Weitere Schutzmaßnahmen: siehe Prüfanweisungen für besondere Arbeitsmittel.

4 VERHALTEN BEI STÖRUNGEN

1. Eigensicherung hat Vorrang!
2. Sofern unmittelbare Gefahr für das eigene Leben und die eigene Gesundheit besteht: Beschäftigte im Umfeld warnen und in Sicherheit bringen; Gefahr bzw. Störung melden!
3. Sofern gefahrlos möglich: Arbeitsmittel abschalten oder Stecker ziehen. Ansonsten Stromkreis mittels Not-Aus, Hauptschalter oder Sicherung freischalten.
4. Bei akuten Gefahren: Gegenmaßnahmen einleiten (z. B. Löschversuch unternehmen).
5. Bei nicht akuten Gefahren: Arbeitsmittel sichern (z. B. an geeignetem Ort ablegen, unter Kontrolle behalten); Helfer und/oder Verantwortliche informieren.
6. Sobald wieder gefahrlos möglich: Arbeitsmittel gegen weitere Verwendung sichern (z. B. entsprechend kennzeichnen, Verantwortliche zwecks sicherer Verwahrung informieren, Arbeitsmittel entsorgen).

5 VERHALTEN BEI UNFÄLLEN, ERSTE HILFE

Eigensicherung hat Vorrang! Wenn Verdacht der Körperdurchströmung besteht, darf die verunglückte Person erst nach Abschaltung der Stromversorgung berührt werden! Vorsicht bei leitfähigen Untergründen! Annäherung erst, wenn Stromversorgung abgeschaltet wurde!
In allen sonstigen Fällen: wenn möglich, Gefahrenquelle beseitigen, verunglückte Person aus dem Gefahrenbereich bergen
Notruf absetzen, Erste Hilfe leisten
Notruf: allgemein: 112, innerbetrieblich: _____
Innerbetriebliche Ersthelfer (Name, Standort, Tel.-Nr.): _____
_____
Erste-Hilfe-Einrichtungen (Standort): _____
Laien-Defibrillatoren (Standort):: _____

W-Fragen:
Wo ist der Unfall passiert?
Was ist passiert?
Wie viele Personen sind betroffen?
Welche Art von Verletzungen?
Warten auf Rückfragen

6 MASSNAHMEN VOR ARBEITSBEGINN

Als Erstes ist die jeweilige Führungskraft, in deren Zuständigkeitsbereich die Prüfungen durchgeführt werden, aufzusuchen. Diese hat die zu prüfenden Geräte sowie einen geeigneten Prüfplatz bereitzustellen bzw. den Zugang hierzu zu ermöglichen. Der Prüfplatz muss grundsätzlich die Anforderung an einen normalen Arbeitsplatz (siehe Gefährdungsbeurteilung _____) erfüllen. Darüber hinaus sind die folgenden Anforderungen an einen geeigneten Prüfplatz zu stellen:

- Der Prüfplatz muss natürlich und/oder künstlich tageslichthell und blendfrei beleuchtet sein. Die Geräuschkulisse muss so sein, dass akustische Warnsignale und insbesondere von zu prüfenden Geräten ausgehende Geräusche, die auf einen Fehler hindeuten, wahrgenommen werden können.
- Die freie Arbeitsfläche muss aus nichtleitendem Material bestehen. Mindestmaße (ohne Abstellflächen für Arbeitsmittel): 1 m breit und 80 cm tief. Abhängig von der eigenen Körpergröße muss deren Höhe so gewählt sein, dass bequem wahlweise im Sitzen oder Stehen gearbeitet werden kann.

- Der Stromanschluss für das Prüfgerät muss fehlerfrei sein (Kontrolle auf optisch erkennbare Mängel vor Einstecken des Prüfgeräts, Selbsttest des Prüfgeräts beim Einstecken beachten). Sofern der entsprechende Steckdosenstromkreis noch nicht bereits über eine RCD abgesichert ist, muss der Anschluss über die zur Verfügung gestellte PRCD erfolgen. Besteht die Möglichkeit, dass Mängel aufgrund unsachgemäßen Gebrauchs oder Vorsatz entstehen, sind im Rahmen der Prüfungen alle Steckdosen einer Sichtprüfung auf erkennbare Mängel (z. B. gebrochene oder entfernte Abdeckungen, übermalte oder verbogene Schutzleiterkontakte) zu unterziehen und Defekte in der separaten Zustandsliste zu dokumentieren. Sofern gefahrlos möglich: Defekte Steckdosen sichern oder außer Betrieb nehmen.
- Die Führungskraft hat sicherzustellen, dass die Prüfungen reibungslos und ungestört durchgeführt werden können. Gefährdungen, die sich aus dem Arbeitsumfeld ergeben können, sind entweder auf ein ungefährliches Maß zu begrenzen oder für die Dauer der Prüfungen gänzlich zu unterbinden. Die jeweilige Führungskraft hat den/die Prüfer über mögliche Restgefahren und Verhaltensregeln vor Arbeitsbeginn zu informieren.

7 Arbeitsablauf

1. Das zu prüfende Arbeitsmittel ist zuerst einer Sichtprüfung auf augenscheinliche Mängel zu unterziehen. Begonnen wird am Stecker, damit sichergestellt ist, dass das Arbeitsmittel nicht noch mit der Stromversorgung verbunden ist. Folgende Punkte sind zu überprüfen:
   Stecker (ggf. auch Kupplung):
   - Eignung für den Einsatzzweck bzw. die Umgebungsbedingungen
   - Funktionsfähigkeit der Kontaktflächen (frei von Verschmutzungen bzw. Korrosion, mechanische Stabilität, thermische Einwirkungen, Formschlüssigkeit)
   - sichtbare Schmorstellen, Brüche, Risse, Undichtigkeiten am Steckergehäuse und am Knickschutz
   - Funktion der Zugentlastung (Zugprobe)

   Zuleitung:
   - Eignung der Anschlussleitung für den Einsatzzweck bzw. die Umgebungsbedingungen
   - Sicht- oder fühlbare Knick-, Quetsch- oder Scherstellen sowie Einschnitte, Risse oder eingezogene Fremdkörper (Inaugenscheinnahme der Zuleitung und Tastprobe auf der gesamten Länge)

   Gehäuse:
   - Eignung der Anschlussleitung für den Einsatzzweck bzw. die Umgebungsbedingungen
   - erkennbare Brüche, Risse, Dellen und ähnliche Schäden, welche Einfluss auf die Sicherheit haben könnten
   - Verschmutzung mit bzw. Anhaftung von brennbaren oder leitfähigen Stoffen (insbesondere an den Ein- und Austrittsöffnungen für Kühlluft sowie an umlaufenden Teilen)
   - erkennbare Korrosionsschäden oder sonstige Beeinträchtigungen des Isoliervermögens (ggf. später messtechnisch nachprüfen)
   - sichtbare Anzeichen für unsachgemäßen Gebrauch, Überlastungen oder unzulässige Änderungen bzw. Eingriffe
   - Vorhandensein und Funktion notwendigen Zubehörs und von Schutzeinrichtungen (z. B. Schutzhauben, Griffe, Abdeckungen etc.)
   - einwandfreie Bedienbarkeit von Schalt- und Steuereinrichtungen
   - Funktion der Zugentlastung (Zugprobe)
   - notwendige sicherheitsrelevante Hinweise vorhanden und lesbar

   An allen Teilen: Prüfung auf sonstige sicht- oder fühlbare Veränderungen des Isoliervermögens (z. B. durch Alterung, thermische Einwirkungen, UV-Einstrahlung). Gegebenenfalls können auch hör- oder fühlbare Hinweise (z. B. gelöste Teile im Inneren des Arbeitsmittels) auf einen Mangel hindeuten.
2. Nach bestandener Sichtprüfung wird das zu prüfende Arbeitsmittel in die Prüfsteckdose des betriebsbereiten Prüfgeräts gesteckt und der Barcode mittels des Barcode-Lesers gescannt. Anweisung zur Handhabung des Geräts:

_____
_____
_____
_____

3. Die auf dem Display des Prüfgeräts angezeigten Anweisungen sowie ggf. die dieser Arbeitsanweisung beigefügten Prüfanweisungen für spezielle Anwendungsfälle sind zu befolgen.
4. Nach bestandener messtechnischer Prüfung ist das zu prüfende Arbeitsmittel einer Funktionsprobe zu unterziehen. Auf folgende Punkte ist insbesondere zu achten:
   - auffällige, sonst nicht übliche Geräusche (z. B. Schleif- oder Klappergeräusche)
   - aufsteigender Rauch, sichtbares Bürstenfeuer
   - ungewöhnliche Gerüche (z. B. Schmorgerüche)
   - unüblich starke Vibrationen, ungewöhnliche Erwärmung
5. Nach Abschluss der Funktionsprüfung ist die Prüfung gemäß den im Display des Prüfgerätes angezeigten Anweisungen zu beenden. Bei bestandener Prüfung werden die Prüfergebnisse in dem Prüfgerät gespeichert. An dem geprüften Gerät ist an einer gut sichtbaren Stelle der Prüfaufkleber mit dem Datum der nächsten Prüfung anzubringen (Festgelegte Fristen: siehe folgenden Punkt 8 „Festgelegte Prüffristen").
6. Auffälligkeiten, die nicht zum Abbruch der Prüfungen geführt haben, sind sowohl in den Prüfaufzeichnungen als auch mittels einer angefügten Notiz an dem betreffenden Arbeitsmittel zu vermerken. Sowohl die zuständige Führungskraft als auch die befähigte Person sind nach Abschluss der Prüfungen (spätestens aber am Schichtende) zu informieren.
7. Arbeitsmittel, welche die Prüfung nicht bestanden haben, sind durch Überkleben der Steckerstifte mit dem „Defekt-Aufkleber" zu sichern und gemäß dem mit der zuständigen Führungskraft abgestimmten Verfahren der weiteren Nutzung zu entziehen.

8. FESTGELEGTE PRÜFFRISTEN

(Sofern in den speziellen Prüfanweisungen nicht anders festgelegt)
In Unterrichtsräumen genutzte Arbeitsmittel: 12 Monate
In Werkstätten genutzte Arbeitsmittel: 12 Monate
In Bürobereichen genutzte Arbeitsmittel: 24 Monate
Im Außenbereich genutzte Arbeitsmittel: 12 Monate

Datum: _____ Unterschrift: _____

Anlage(n):
_____
_____

AA-Nr.: _____ Titel: _____
Erstellt: _____ Geprüft: _____
Gültig ab: _____ Seiten: _____

Firma: _____	**PRÜFANWEISUNG**	Firmenstempel:
Abteilung/Arbeitsplatz: _____	**Geltungsbereich**	
Tätigkeit: _____		
Verantwortlich: _____	**Prüfung von Computern und Peripheriegeräten**	
Datum: _____		
Unterschrift: _____		

GEFAHREN FÜR MENSCH UND UMWELT

Generell: siehe Arbeitsanweisung „Prüfung ortsveränderlicher elektrischer Arbeitsmittel"
Darüber hinaus:
- Schwermetallhaltige Tonerstaubablagerungen sind sowohl gesundheitsschädlich als auch elektrisch leitfähig.
- Über Datenleitungen fließende Ableitströme können zu Durchströmungen, Bränden und Verbrennungen führen.
- Bei unsachgemäßer Leitungsverlegung besteht Sturz- und Stolpergefahr.

SCHUTZMASSNAHMEN UND VERHALTENSREGELN

Generell: siehe Arbeitsanweisung „Prüfung ortsveränderlicher elektrischer Arbeitsmittel"
Darüber hinaus:
- Tonerstaubablagerungen sind mit einem feuchten (nicht nassen!) Tuch zu entfernen. Hierzu ist das Arbeitsmittel zuerst von der Stromquelle zu trennen und erst nach erfolgter Abtrocknung wieder anzuschließen.
- Beim Abklemmen von Datenleitungen ist auf Verfärbungen und/oder Erwärmung zu achten, die auf thermische Beanspruchung hindeuten und ein Anzeichen für fließende Ableitströme sein können. In diesen Fällen ist das Arbeitsmittel der weiteren Nutzung zu entziehen und die Elektrofachkraft zu verständigen.
- Herabhängende Leitungsschlaufen (Stolpergefahren) sind vor Arbeitsaufnahme zu entfernen oder zu sichern.

VERHALTEN BEI STÖRUNGEN

Siehe Arbeitsanweisung „Prüfung ortsveränderlicher elektrischer Arbeitsmittel"

VERHALTEN BEI UNFÄLLEN, ERSTE HILFE

Siehe Arbeitsanweisung „Prüfung ortsveränderlicher elektrischer Arbeitsmittel"

Prüfhinweise

- Datenleitungen sind während der Prüfung abzuklemmen, da sich über die Schirmung ein falscher Erdbezug ergeben kann.
- Netzteile und Kaltgeräteleitungen sind als separate Arbeitsmittel zu prüfen.
- Nicht prüfpflichtige Geräte der Telekommunikation bzw. der Informationstechnologie (ohne Prüf-Barcode) sind einer Sichtprüfung zu unterziehen, dies ist jedoch nicht zu protokollieren.
- Zur Gewährleistung der Bedingungen, welche der Festlegung der Prüffrist zugrunde liegen, sind die Anschlussleitungen geschützt in den Leitungskanälen und durch die Leitungsauslässe in den Tischplatten zu führen.
- Die Belüftungsöffnungen sind auf Staubablagerungen zu kontrollieren. Die Belüftungsöffnungen dürfen nicht zugestellt werden.

Datum: Unterschrift:

Verteiler:
_____
_____
_____
_____

PRÜFDOKUMENTATION

Prüfprotokoll nach DIN VDE 0701-0702
(zum Nachweis der Geräteprüfung)

Auftraggeber/Kundendaten:	Auftragnehmer (prüfender Betrieb):
Unternehmenslogo	**Firmenlogo**

Prüfung entsprechend   ☐ BetrSichV/TRBS 1201   ☐ DGUV V 3   ☐ DGUV V 4   ☐ VSG 1.4

Auftrags-Nr.		Wirksame Schutzarten	
Prüfobjekt		Schutzklasse	☐ I ☐ II ☐ III
Inventar-Nr.		Anschluss	einphasig ☐ dreiphasig ☐
Fabrik-Nr.		Nennspannung/-strom	V A
Modell/Typ		Frequenz	
Standort		Nennleistung	

Prüfgeräte: Hersteller/Typ _____

☐ Erstprüfung   ☐ Wiederholungsprüfung   ☐ Änderung   ☐ Instandsetzung   ☐ _____

Besichtigen		i. O.	n. i. O.
	Steckverbindungen		
	Stecker (ggf. Kupplung) für Einsatzzweck und Umgebung geeignet	☐	☐
	Stecker (ggf. Kupplung) fest mit Anschlussleitung verbunden	☐	☐
	Kontakte frei von Schmutz, Korrosion, Verunreinigungen	☐	☐
	Keine losen oder verbogenen Kontakte vorhanden	☐	☐
	Steckergehäuse frei von Brüchen, Rissen o. ä. Schäden	☐	☐
	Keine sichtbaren Hinweise auf thermische Einwirkungen	☐	☐
	Sonstiges: _____	☐	☐
	Zuleitungen		
	Anschlussleitung für Einsatzzweck und Umgebung geeignet	☐	☐
	Frei von sicht- und fühlbaren Knick-, Quetsch- oder Scherstellen	☐	☐
	Isolierung frei von sicht- und fühlbaren Schäden	☐	☐
	Keine sicht- und fühlbaren Veränderungen der inneren Adern	☐	☐
	Keine sichtbaren Hinweise auf thermische Einwirkungen	☐	☐
	Sonstiges: _____	☐	☐
	Gehäuse		
	Für Einsatzzweck und Umgebung geeignet	☐	☐
	Frei von Brüchen, Rissen o. ä. Schäden	☐	☐
	Luftein- und -austrittsöffnungen/Filter ohne Verschmutzung/Verstopfung	☐	☐
	Dichtheit von Behältern für Wasser/Luft/andere Medien	☐	☐
	Isolierung frei von sicht- und fühlbaren Schäden	☐	☐
	Keine Anzeichen für unsachgemäßen Gebrauch oder Eingriffe	☐	☐
	Schutzeinrichtungen und Zubehörteile vorhanden und einwandfrei	☐	☐
	Schalt- und Steuereinrichtungen vorhanden und einwandfrei	☐	☐
	Anschlussleitung fest mit Gerätegehäuse verbunden/Zugentlastungen	☐	☐
	Sicherheitsrelevante Aufschriften und Hinweise vorhanden und lesbar	☐	☐
	Sonstiges: _____	☐	☐

Messen		Messwert		i. O.	n. i. O.
	Schutzleiterwiderstand (R_{PE})	_____	Ω	☐	☐
	Isolationswiderstand (R_{ISO})				
	SK I	_____	MΩ	☐	☐
	SK II	_____	MΩ	☐	☐
	SK III (SELV, PELV)	_____	MΩ	☐	☐
	SK I-Heizgeräte mit eingeschalteten Heizelementen > 3,5 kW	_____	MΩ	☐	☐
	R_{ISO}-Messung nicht durchgeführt			☐	☐
	Schutzleiterstrom im				
	direkten Messstromverfahren	_____	mA	☐	☐
	Ersatz-Ableitstrommessverfahren	_____	mA	☐	☐
	Differenzstrommessverfahren	_____	mA	☐	☐
	Berührungsstrom im				
	direkten Messstromverfahren	_____	mA	☐	☐
	Ersatz-Ableitstrommessverfahren	_____	mA	☐	☐
	Differenzstrommessverfahren	_____	mA	☐	☐
	Fehlerstromschutzeinrichtung (RCD) Typ	_____			
	Auslösestrom	_____	mA	☐	☐
	Auslösezeit	_____	ms	☐	☐

Erproben		i. O.	n. i. O.		i. O.	n. i. O.
	Schutz-/Sicherheits-einrichtungen	☐	☐	Melde-/Kontrollleuchten	☐	☐
	Fehlerstrom-Schutz-einrichtungen	☐	☐	Schalter	☐	☐
	Not-Aus-Einrichtungen	☐	☐	Drehfeld	☐	☐
	_____	☐	☐		☐	☐

Ergebnis der Prüfung					
	Keine Mängel festgestellt	☐	**Prüfplakette angebracht**		☐
	Folgende Mängel festgestellt:	☐	Prüfplakette nicht angebracht		☐
	_____		_____		
	Mängel durch Rep. beseitigt	☐	**Auftraggeber auf Mängel hingewiesen**		☐
	Nächster empfohlener Prüftermin: _____		Nächster Prüftermin laut Gefährdungsbeurteilung: _____		

Bemerkungen: _____

Abweichungen vom normativ vorgegebenen Prüfablauf wie folgt zu begründen: _____

Sonstige Auffälligkeiten: _____

Empfehlungen für Auftraggeber/Betreiber: _____

Auftraggeber:	**Verantwortlicher Prüfer:**
Elektrisches Gerät entspricht den allgemein anerkannten Regeln der Elektrotechnik. ☐ Zustandbericht erhalten Ort, Datum: Unterschrift:	Elektrisches Gerät entspricht den allgemein anerkannten Regeln der Elektrotechnik. ☐ Elektrisches Gerät entspricht **nicht** den allgemein anerkannten Regeln der Elektrotechnik. ☐ **Das Gerät darf nicht weiter betrieben werden.** ☐ Ort, Datum: Unterschrift:

Erläuterungen zum Prüfprotokoll gemäß DIN VDE 0701-0702
(zum Nachweis der Geräteprüfung)

1. Einführung

Das vorliegende Prüfprotokoll dient dem Nachweis der Geräteprüfung gemäß DIN VDE 0701-0702.
Der Anwendungsbereich dieser Norm umfasst dabei die Prüfungen nach Instandsetzung, Änderung und die Wiederholungsprüfung für ortsveränderliche wie auch ortsfeste Geräte.
Der Prüfer entscheidet, ob er bei Wiederholungsprüfungen von ortsfesten Geräten nach dieser Norm oder nach der DIN VDE 0105-100 prüft.
Nachfolgende Erläuterungen sollen Hinweise zu Inhalten und Durchführung der Prüfungen sowie zum Ausfüllen eines Prüfprotokolls geben.

2. Durchzuführende Prüfung gemäß DIN VDE 0701-0702

Der Ablauf der Prüfungen ist in nachfolgend aufgeführter Reihenfolge durchzuführen.

- Sichtprüfung (Besichtigen)
- Schutzleiterwiderstandsmessung
- Isolationswiderstandsmessung
- Messung des Schutzleiterstroms I_{SL}
- Messung des Berührungsstroms I_B
- Nachweis der sicheren Trennung vom Versorgungsstromkreis (bei SELV u. PELV)
- Nachweis der Wirksamkeit weiterer Schutzeinrichtungen
- Prüfung der Aufschriften
- Funktionsprüfung
- Auswertung, Beurteilung und Dokumentation/Prüfprotokoll

Jede Einzelprüfung muss vor Beginn einer weiteren Prüfung positiv abgeschlossen sein.
Ist eine Einzelprüfung nicht durchführbar, muss der Prüfer die Sicherheit bestätigen, dies begründen und dokumentieren.
Werden Normengrenzwerte überschritten, gelten Grenzwerte aus Produktnormen bzw. Herstellerangaben.

Sichtprüfung (Besichtigen)

Die Sichtprüfung ist die erste und wichtigste Prüfung. Sie dient dem Erkennen von äußeren Mängeln und wenn möglich auch der Eignung des Geräts für seinen Einsatzort (die Eignung ist schriftlich im Protokoll festzuhalten).
Im Rahmen der Sichtprüfung werden die am Gerät wirkenden Schutzmaßnahmen (u. a. auch Schutzklassen) festgestellt, die die weiteren Messungen bestimmen.
Die im Protokoll aufgeführten Sichtprüfungsfragen sind als Anhalt für die zu beachtenden normativen Mindestanforderungen gedacht.
Der Prüfer hat ggf. weitergehende Sichtprüfungen durchzuführen.
Zu beachten sind die in der Norm (Anhang E bis I) getroffenen ergänzenden Festlegungen für Elektrowerkzeuge, Raumheizkörper, Mikrowellenkochgeräte, Rasenmäher/Gartengeräte und für ortsfeste Wassererwärmer.

Schutzleiterwiderstandsmessung

Sie dient dem Nachweis des ordnungsgemäßen Zustands des Schutzleiters, seiner Verbindungsstellen und der mit ihm verbundenen berührbaren Teile.
Die Messung beinhaltet die Besichtigung der gesamten Schutzleiterstrecke sowie das Bewegen der Leitungen und Anschlussleitungen bei der Widerstandsmessung.
Es sind geeignete Messsonden zu verwenden und die Messstellen zu säubern.

Grenzwerte: für Bemessungsstrom ≤ 16 A   ≤ 0,3 Ω bis 5 m Anschlussleitung zzgl. 0,1 Ω je weitere 7 m bis max. 1,0 Ω
             für Bemessungsstrom > 16 A   berechneter Wert aus Länge, Querschnitt und Übergangswiderständen

Anmerkung: Bei der Prüfung von Geräten, die nicht vom Versorgungsstromkreis getrennt werden, können durch Parallelerdverbindungen Schutzleiterverbindungen vorgetäuscht werden.
Diese Problematik ist dem Betreiber mitzuteilen, vorzugsweise durch Hinweise in der Dokumentation (Prüfprotokoll).

Isolationswiderstandsmessung

Die Messung erfolgt zwischen den aktiven Teilen und allen berührbaren leitfähigen Teilen inkl. Schutzleiter (außer bei PELV).
Bei Instandsetzung und Änderung erfolgt die Messung bei SELV-/PELV-Stromkreisen zwischen deren aktiven Teilen und den aktiven Teilen des Primärstromkreises.
Alle Regler und Schalter müssen bei den Messungen geschlossen sein.

Einzuhaltende Grenzwerte gemäß Tabelle 1 DIN VDE 0701-0702:2008-06

Prüfobjekt		Grenzwert
Aktive Teile, die nicht zu SELV- oder PELV-Stromkreisen gehören, **gegen** den **Schutzleiter** und die mit dem Schutzleiter verbundenen **berührbaren leitfähigen Teile**	Allgemein	1,0 MΩ
	Geräte mit **Heizelementen**	0,3 MΩ
	Geräte mit **Heizelementen** mit einer **Leistung > 3,5 kW** (Wird der Isolationswiderstand nicht erreicht, ist das Gerät trotzdem in Ordnung, wenn der Schutzleiterstromgrenzwert nicht überschritten wird.)	0,3 MΩ
Aktive Teile gegen die nicht mit dem Schutzleiter verbundenen berührbaren leitfähigen Teile (vornehmlich bei Geräten der Schutzklasse II, aber auch in Geräten der Schutzklasse I)		2,0 MΩ
Aktive Teile, die nicht zu SELV- oder PELV-Stromkreisen gehören, gegen berührbare leitfähige Teile mit der Schutzmaßnahme SELV, PELV in Geräten der Schutzklasse I oder II		
Bei der Instandsetzung/Änderung zwischen den aktiven Teilen eines SELV-/PELV-Stromkreises und den aktiven Teilen des Primärstromkreises		
Aktive Teile mit der Schutzmaßnahme SELV, PELV (Schutzkleinspannung) gegen berührbare leitfähige Teile		0,25 MΩ

Anmerkung: Die Messung darf bei Geräten der Informationstechnik grundsätzlich entfallen. Die Messung darf ebenfalls bei SELV-führenden Teilen entfallen, wenn durch das dabei nötige Adaptieren (z. B. an Schnittstellen) oder durch den Messvorgang eine Beschädigung des Geräts erfolgen kann. In diesen Fällen ist dieses Vorgehen (mit Begründung) zu dokumentieren, und die anschließende Schutzleiterstrommessung muss mit Netzspannung (d. h. mit dem direkten oder Differenzstrommessverfahren) erfolgen.
Bei Schutzimpedanzen zwischen aktiven Leitern und Schutzleiter gilt deren Widerstand als Grenzwert.

Messung des Schutzleiterstroms I_{SL}

Die Messung ist an jedem Gerät mit Schutzleiter durchzuführen.
Es ist in beiden Steckerstellungen und in allen Schalterstellungen (Programmen) des Geräts zu messen.
Der höchste gemessene Wert ist als Messergebnis zu dokumentieren.
Die Messung kann bei Verlängerungsleitungen, abnehmbaren Geräteanschlussleitungen, mobilen Mehrfachsteckdosen ohne elektrische Bauteile zwischen aktiven Leitern und Schutzleiter entfallen.

Die drei Messverfahren
- direkte Messung (Prüfling muss isoliert aufgestellt werden),
- Differenzstrommessverfahren und
- Ersatz-Ableitstrommessverfahren

dürfen verwendet werden.

Anmerkung: Das Ersatz-Ableitstrommessverfahren darf nur unter Verantwortung einer Elektrofachkraft und nur, wenn zuvor eine Isolationswiderstandsmessung ohne Mängel erfolgt ist, angewendet werden. Es darf nicht bei Geräten mit spannungsabhängigen Schalteinrichtungen angewendet werden!

Grenzwerte

Geräteart	Grenzwert
Geräte allgemein	3,5 mA
Geräte mit eingeschalteten Heizelementen und bei einer Leistung > 3,5 kW	1 mA/kW (3,5 kW → 3,5 mA) höchstens jedoch 10 mA

Anmerkung: Überschreitungen der Grenzwerte können akzeptiert werden, wenn die Werte
- in der Gerätenorm (Produktnorm) so vorgesehen sind,
- in der Hersteller-Dokumentation als Kenndaten so angegeben sind oder
- im „Originalzustand" des Geräts so ermittelt wurden.
(Eingangsprüfung bei Neugeräten, den ermittelten Wert später als Grenzwert übernehmen)

Messung des Berührungsstroms I_B

Die Messung muss an jedem berührbaren leitfähigen Teil, das nicht mit dem Schutzleiter verbunden ist, erfolgen.
Es ist in beiden Steckerstellungen und in allen Schalterstellungen (Programmen) des Geräts zu messen.
Können leitfähige Teile mit unterschiedlichen Potentialen gleichzeitig mit einer Hand berührt werden, so ist der Messwert aus der Summe der einzelnen Berührungsströme zu bilden.
Bei SELV-/PELV-führenden Teilen bzw. Geräten der Informationstechnik kann die Messung entfallen, wenn durch den Messvorgang eine Beschädigung des Geräts erfolgen kann.
Es dürfen, wie bei der Schutzleiterstrommessung, alle drei Messverfahren mit den gleichen Einschränkungen angewendet werden.

Grenzwerte:

Geräteart/Geräteteil	Grenzwert
Nicht mit dem Schutzleiter verbundene berührbare leitfähige Teile	0,5 mA
Bei Geräten der SK III	Messung nicht erforderlich

Nachweis der sicheren Trennung vom Versorgungsstromkreis (bei SELV u. PELV)

Der Nachweis betrifft alle Geräte mit Sicherheitstrafo bzw. Schaltnetzteil und SELV- oder PELV-Spannung auf der Ausgangsseite.

Die Schutzwirkung ist durch folgende Messungen nachzuweisen:
- Messung der SELV-/PELV-Spannung (Diese muss den SELV-/PELV-Vorgaben genügen und mit der Bemessungsspannung nach Gerätespezifikation übereinstimmen. Es sind evtl. höhere Leerlaufspannungen zu beachten.)
- Messung des Isolationswiderstands (gemäß Iso-Tabelle)
  - zwischen Primär- und Sekundärseite
  - zwischen Sekundärseite und berührbaren Teilen

Nachweis der Wirksamkeit weiterer Schutzeinrichtungen

Sind am Gerät weitere Schutzeinrichtungen erkennbar (z. B. RCDs, Iso-Überwachungsgeräte, Überspannungsschutzeinrichtungen usw.), die der elektrischen Sicherheit dienen, so hat der Prüfer die Gewährleistung der Schutzmaßnahme nachzuweisen und zu entscheiden, wie deren Prüfung zu erfolgen hat. Zum Beispiel bei Vorhandensein von RCDs als Zusatzschutz ist die Auslösezeit nachzuweisen.
Als Funktionsprüfung gilt hier die Auslösung des RCD über die Prüftaste.

Prüfung der Aufschriften

Nach Abschluss der Einzelprüfungen sind die der Sicherheit dienenden Aufschriften zu kontrollieren.

Funktionsprüfung

Nach Instandsetzung und Änderung sind Funktionsprüfungen durchzuführen. Es bleibt dem Prüfer aber überlassen zu entscheiden, ob eine Teilprüfung ausreichend ist.
Bei Wiederholungsprüfungen ist eine Funktionsprüfung nur insoweit notwendig, als es zum Nachweis der Sicherheit erforderlich ist.

Auswertung, Beurteilung und Dokumentation/Prüfprotokoll

Wenn alle geforderten Einzelprüfungen bestanden wurden, gilt die Prüfung als bestanden und muss (gemäß BetrSichV und Norm) entsprechend im Prüfprotokoll dokumentiert werden.
Das Gerät ist dementsprechend zu kennzeichnen (z. B. durch Prüfplakette).
Hat das Gerät die Prüfung nicht bestanden, ist das Gerät deutlich als unsicher zu kennzeichnen. Der Betreiber ist darüber zu informieren (dies sollte sich der Prüfer z. B. im Prüfprotokoll bestätigen lassen).
Eine weitestgehend rechtssichere Form des Prüfablaufs und dessen Dokumentation bietet das vorliegende Prüfprotokoll.

Wenn handschriftlich ausgefüllt, bitte gut leserlich in Druckbuchstaben!

Prüfprotokoll Nr.: _____

Auftraggeber/Kundendaten: _____

Auftrags-Nr.: _____

Firmenlogo:

Auftragnehmer: _____

Auftrags-Nr.: _____

Firmenlogo:

Anlage: _____ **Fabrikat-Nr.:** _____ **Ort/Raum:** _____ **INV:** _____

Prüfung nach:
- ☐ DIN EN 60204-1 (VDE 0113-1) ☐ DIN VDE 0100-600 ☐ DIN VDE 0105-100
- ☐ BetrSichV ☐ DGUV Vorschrift 3 bzw. 4 ☐ EnWG ☐ ProdSG ☐ ProdSG NAV/TAB NAV/TAB

technisch gesetzlich:

☐ Neuanlage ☐ Erweiterung ☐ Änderung ☐ Instandsetzung ☐ Wiederholungsprüfung

Netz: Netzform: ☐ TN-C ☐ TN-S ☐ TN-C-S ☐ TT ☐ IT

Netzbetreiber: _____

Besichtigung

	i. O.	n. i. O.		i. O.	n. i. O.
Auswahl Betriebsmittel	☐	☐	Kennzeichnung Stromkreis, Betriebsmittel	☐	☐
			Kennzeichnung von Anschluss- und Trennstellen	☐	☐
Kabel, Leitungen, Stromschienen	☐	☐	Leiterverbindungen und -querschnitte	☐	☐
			Schutzleiter gegen Selbstlockerung und Korrosion geschützt	☐	☐
Gebäudesystemtechnik	☐	☐	Kennzeichnung N-Leiter/PE-Leiter	☐	☐
			Keine Vertauschungen von PE, N und L	☐	☐
			Schutz durch Isolierung aller aktiven Teile	☐	☐
Trenn-/Schaltgeräte	☐	☐	Schutz-/Überwachungseinrichtungen	☐	☐
Brandabschottungen	☐	☐	Basisschutz/Schutz gg. direktes Berühren	☐	☐
			Zugänglichkeit	☐	☐
			Schutzpotentialausgleich	☐	☐
			Zusätzlicher (örtlicher) Schutzpotentialausgleich	☐	☐
			Dokumentation	☐	☐

© FORUM VERLAG HERKERT GMBH
09/19

		i.O.	n.i.O.		
	Betriebsmittel können den Einflüssen am Verwendungsort standhalten	☐	☐	Keine erkennbaren Schäden	
	Prüfung der Spannungspolarität	☐	☐	Fehlende Anlagen- und Sicherheitsteile	☐
				Mängel und Fehler der Anlagenausrüstung allgemein	☐
				Mängel und Fehler bei der elektrotechnischen Ausrüstung	☐
				Besichtigung nach DIN VDE 0100-600 Abs. 6.4.2	☐ siehe auch Ergänzungsblatt _____ / Anlage _____
				Besichtigung nach DIN VDE 0105-100 Abs. 5.3.3.101.1	☐ siehe auch Ergänzungsblatt _____ / Anlage _____
				Besichtigung und Überprüfung gemäß DIN EN 60204-1 (VDE 0113-1)	☐ siehe auch Ergänzungsblatt _____ / Anlage _____

Erproben

	i.O.	n.i.O.		i.O.	n.i.O.		i.O.	n.i.O.
Funktionsprüfung			Funktion	☐	☐	Rechtsdrehfeld	☐	☐
Anlage	☐	☐	FI-Schutzschalter	☐	☐	Drehstromsteckdose	☐	☐
Maschine	☐	☐	Schutz-/Sicherheitseinrichtungen	☐	☐	Gebäudesystemtechnik	☐	☐
Ausrüstung	☐	☐	Überwachungseinrichtungen	☐	☐	Antriebe	☐	☐
			Drehrichtung der Motoren	☐	☐	Sonstiges: _____		

Bemerkungen:

Messen

Prüfung der elektrischen Durchgängigkeit des Potentialausgleichs: ☐ ≤ 0,1 Ω nachgewiesen — wie folgt nachgewiesen: _____

Fundamenterder	☐	Hauptwasserleitung	☐	Heizungsanlage	☐	EDV-Anlage ☐ Gebäudekonstruktion ☐
Haupterdungsschiene	☐	Hauptschutzleiter	☐	Klimaanlage	☐	Telefonanlage ☐
Wasserzwischenzähler	☐	Gasinnenleitung	☐	Aufzugsanlage	☐	Blitzschutzanlage ☐

Fehlerschleifenimpedanz: Wert: _____

Isolationswiderstand: Messwert

		Prüfung ☐ bestanden ☐ nicht bestanden
L1 –> PE	_____	**Restspannung**
L2 –> PE	_____	Speicherbare Ladung über 60 μC: ☐ Ja ☐ Nein
L3 –> PE	_____	Spannung 5 s nach Netztrennung < 60 V: ☐ i. O. ☐ n. i. O.
N –> PE	_____	Freiliegende Teile vorhanden mit Entladezeit > 1 s und SK < als IP2X/IPXXB ☐ Ja ☐ Nein

Verwendete Messgeräte nach ☐ DIN VDE 0413

Fabrikat/Typ: _____	Nächste Kalibrierung: _____	Fabrikat/Typ: _____	Nächste Kalibrierung: _____
Identnummer: _____		Identnummer: _____	

Ergebnis der Prüfung:	keine Mängel festgestellt ☐	Prüfplakette angebracht ☐	nächster Prüftermin gemäß Gefährdungsbeurteilung: ☐	Sonstiges:
	folgende Mängel festgestellt:	Prüfplakette nicht angebracht ☐	nächster empfohlener Prüftermin:	

Bemerkungen:

_____

_____

_____

_____

Angewandte Prüfverfahren aus der/den oben angekreuzten Norm/en: _____

_____

Abweichungen vom normativ vorgegebenen Prüfablauf (gem. o. g. Norm/en): _____

_____

Sonstige Auffälligkeiten: _____

_____

Empfehlungen für Auftraggeber/Betreiber der Maschine u./o. Anlage: _____

_____

Zu Prüfprotokoll Nr.: _____   Stromkreisverteiler-Nr.: _____   Einspeisung: _____

Messen	Stromkreis	Leitung/Kabel			U_n [V]	f_n [Hz]	Überstromschutzeinrichtung				R_{iso} (MΩ)	Schutzleiterwiderstand R_{PE} max. <1 Ω	RCD vorhanden	Fehlerstromschutzeinrichtung (RCD)				
Nr.	Zielbezeichnung	Kabeltyp	Leiter Anzahl	Querschnitt (mm²)			Art	I_n [A]	Z_S [Ω] L-PE	Z_N [Ω] L-N	I_k [kA]	mit Verbraucher ☐ ohne Verbraucher ☐			I_N/Art [A]	$I_{ΔN}$ [mA]	I_{mess} [mA] <I_n	Auslösezeit t_A [ms]	$U_L ≤ 50 V$ U_{mess} [V]
			×											☐					
			×											☐					
			×											☐					
			×											☐					
			×											☐					
			×											☐					
			×											☐					

Ableitstrom (Gesamt-Erdableitstrom bei Maschinen): _____   Erdungswiderstand: R_E _____ Ω

Auftraggeber: **Verantwortlicher Prüfer:**
Elektrische Anlage/Maschine gemäß Übergabebericht vollständig übernommen. ☐   Die elektrische Anlage/Maschine entspricht den anerkannten Regeln der Technik. ☐
Zustandsbericht erhalten. ☐   Die elektrische Anlage/Maschine entspricht **nicht** den anerkannten Regeln der Technik. ☐
Ort: _____ Datum: _____ Unterschrift: _____   Ort: _____ Datum: _____ Unterschrift: _____

Zu Prüfprotokoll Nr.: _____

Stromkreisverteiler-Nr.: _____ Einspeisung: _____

Messen	Stromkreis	Leitung/Kabel			U_n [V]	f_n [Hz]	Überstromschutzeinrichtung					R_{iso} (MΩ)	Schutzleiterwiderstand R_{PE} max. < 1 Ω	RCD vorhanden	Fehlerstromschutzeinrichtung (RCD)				
Nr.	Zielbezeichnung	Kabeltyp	Leiter Anzahl	Querschnitt (mm²)			Art	I_n [A]	Z_S [Ω] L-PE	Z_N [Ω] L-N	I_k [kA]	mit Verbraucher ☐ ohne Verbraucher ☐			I_N/Art [A]	$I_{ΔN}$ [mA]	I_{mess} [mA] < I_n	Auslösezeit t_A [ms]	$U_L ≤ 50 V$ U_{mess} [V]
			x											☐					
			x											☐					
			x											☐					
			x											☐					
			x											☐					
			x											☐					
			x											☐					

Ableitstrom (Gesamt-Erdableitstrom bei Maschinen): _____   Erdungswiderstand: R_E: _____ Ω

Auftraggeber: **Verantwortlicher Prüfer:**

☐ Elektrische Anlage/Maschine gemäß Übergabebericht vollständig übernommen.   ☐ Die elektrische Anlage/Maschine entspricht den anerkannten Regeln der Technik.

☐ Zustandsbericht erhalten.   ☐ Die elektrische Anlage/Maschine entspricht **nicht** den anerkannten Regeln der Technik.

Ort: _____ Datum: _____ Unterschrift: _____   Ort: _____ Datum: _____ Unterschrift: _____

Zu Prüfprotokoll Nr.: _____   Stromkreisverteiler-Nr.: _____   Einspeisung: _____

Messen						Spannungsfall		Messung
Stromkreis		Leitung/Kabel			PA-Widerstand			i. O.
Nr.	Zielbezeichnung von PE-Schiene zu	Kabeltyp	Leiter	Quer- schnitt (mm²)	Grenzwert [in Ω]	Messwert [in Ω]	Grenzwert [V]	Messwert [V]	[j./n.]
			Anzahl						
				x					
				x					
				x					
				x					
				x					
				x					
				x					
				x					
				x					
				x					
				x					

Ableitstrom (Gesamt-Erdableitstrom bei Maschinen): _____   Erdungswiderstand: R_E _____ Ω

Auftraggeber:
Elektrische Anlage/Maschine gemäß Übergabebericht vollständig übernommen. ☐
Zustandsbericht erhalten. ☐
Ort: _____ Datum: _____ Unterschrift: _____

Verantwortlicher Prüfer:
Die elektrische Anlage/Maschine entspricht den anerkannten Regeln der Technik. ☐
Die elektrische Anlage/Maschine entspricht **nicht** den anerkannten Regeln der Technik. ☐
Ort: _____ Datum: _____ Unterschrift: _____

Zu Prüfprotokoll Nr.: _____

Stromkreisverteiler-Nr.: _____ **Einspeisung:** _____

Messen	Stromkreis		Leitung/Kabel			Restspannung		Spannungsprüfung			Ableitstrom		Messung i. O. [j./n.]
	Nr.	Zielbezeichnung von PE-Schiene zu	Kabeltyp	Leiter		Grenzwert [> 60 V/5]	Messwert [V]	Prüfspannung [V] mind. 2-fache Bemessungs-spannung oder 1.000 V mind. 1 s	erfüllt	nicht erfüllt	Differenz-strommess-verfahren [mA]	Ersatzab-leitstrom-messver-fahren [mA]	
				Anzahl	Querschnitt (mm²)								
					×				☐	☐			
					×				☐	☐			
					×				☐	☐			
					×				☐	☐			
					×				☐	☐			
					×				☐	☐			
					×				☐	☐			
					×				☐	☐			
					×				☐	☐			
					×				☐	☐			

Ableitstrom (Gesamt-Erdableitstrom bei Maschinen): _____   Erdungswiderstand: R_E _____ Ω

Auftraggeber: **Verantwortlicher Prüfer:**
Elektrische Anlage/Maschine gemäß Übergabebericht vollständig übernommen. ☐   Die elektrische Anlage/Maschine entspricht den anerkannten Regeln der Technik. ☐
Zustandsbericht erhalten. ☐   Die elektrische Anlage/Maschine entspricht **nicht** den anerkannten Regeln der Technik. ☐
Ort: _____ Datum: _____ Unterschrift: _____   Ort: _____ Datum: _____ Unterschrift: _____

Zu Prüfprotokoll Nr.: _____

Mängelbericht und Kundeninformation

Verteiler/Lfd. Nr.

Mängel

Kennung:
- S u Sicherheitsmangel – unverzüglich zu beheben
- S s Sicherheitsmangel – sofort zu beheben
- S m erheblicher Sicherheitsmangel – zeitnah zu beheben
- E t Empfehlungen – technisch u. sicherheitstechnisch
- E o Empfehlungen – organisatorisch
- I p Informationen – zur Prüfung
- I s Informationen – Sonstiges

Mängel behoben

Kennung					

	Abt.	Firma	Name/Kürzel	Datum, Unterschrift

Ableitstrom (Gesamt-Erdableitstrom bei Maschinen): _____

Erdungswiderstand: R_E _____ Ω

Auftraggeber:
Elektrische Anlage/Maschine gemäß Übergabebericht vollständig übernommen. ☐

ACHTUNG:
Für die ordnungsgemäße Beseitigung aller bei der Prüfung ermittelten Fehler und Mängel ist der Auftraggeber verantwortlich.
Zustandsbericht erhalten. ☐

Ort: _____ Datum: _____ Unterschrift: _____

Verantwortlicher Prüfer:
Die elektrische Anlage/Maschine entspricht den anerkannten Regeln der Technik. ☐
Die elektrische Anlage/Maschine entspricht **nicht** den anerkannten Regeln der Technik. ☐

Ort: _____ Datum: _____ Unterschrift: _____

Erläuterungen zum Prüfprotokoll
gemäß DIN VDE 0100-600 und DIN VDE 0105-100 i. V. m. DIN EN 60204-1 (VDE 0113-1)
(zum Nachweis der Prüfungen von Niederspannungsanlagen und auch Maschinen)

1. Einführung

Das vorliegende Prüfprotokoll soll den Nachweis v. a. der Erstprüfung gemäß DIN VDE 0100-600 bzw. der wiederkehrenden Prüfung von Niederspannungsanlagen gemäß DIN VDE 0105-100 dienen. Dabei ist es möglich, im Rahmen dieser Prüfungen eventuell vorhandene Maschinen auch mit zu prüfen und die ermittelten Ergebnisse mit diesem Protokoll zu dokumentieren.

Die folgenden Erläuterungen beziehen sich vorrangig auf die Erstprüfung gemäß DIN VDE 0100-600 und wiederkehrende Prüfung nach DIN VDE 0105-100.

2. Prüfumfang und -ablauf gemäß DIN VDE 0100-600 und DIN VDE 0105-100

Der Umfang der Prüfungen ist generell für Erst- und Wiederholungsprüfungen gleich.
Auf eventuelle Unterschiede und Abweichungen wird in den nachfolgenden Erläuterungen kurz eingegangen.

Der normativ vorgesehene Prüfablauf umfasst:
- Besichtigen (Sichtprüfung)
- Durchgängigkeit der Leiter (Schutzleiter/Schutzpotentialausgleichsleiter)
- Isolationswiderstandsmessung
  Isolationswiderstandsmessung zum Nachweis des Schutzes durch SELV, PELV und Schutztrennung
  Isolationswiderstand von isolierenden Fußböden und Wänden (sofern erforderlich)
- Prüfung der Spannungspolarität
- Schutz durch automatische Abschaltung der Stromversorgung
- Messung des Erderwiderstands
- Messung der Fehlerschleifenimpedanz
- Zusätzlicher Schutz (u. a. RCD)
- Prüfung der Phasenfolge
- Funktionsprüfung/Erproben
- Prüfung des Spannungsfalls
- Dokumentation/Prüfbericht

möglichst unter Einhaltung dieser Reihenfolge.

Besichtigen/Sichtprüfung
Die Sichtprüfung hat vor dem Messen, Erproben und dem Unterspannungsetzen der Anlage zu erfolgen. Es wird dabei festgestellt, ob die Betriebsmittel den Sicherheitsanforderungen der Betriebsmittelnorm entsprechen und nach Herstellerangaben ausgewählt und errichtet wurden.
Dem Prüfer selbst obliegt es zu entscheiden, ob er bei der Besichtigung entsprechend der Norm oder den Fragen des vorliegenden Protokolls bzw. den Prüfungsfragen evtl. beiliegender Ergänzungsblätter vorgeht.

Durchgängigkeit der Leiter
Diese Messung, auch Niederohmmessung oder Schutzleiterwiderstandsmessung genannt, dient dem Nachweis der Einhaltung der Abschaltbedingungen bei Vorhandensein der Schutzmaßnahme „automatische Abschaltung der Stromversorgung".
Geprüft wird durch Widerstandsmessung die Durchgängigkeit von Schutzleitern und Schutzpotentialausgleichsleitern über die Haupterdungsschiene sowie deren Verbindungen zu allen leitfähigen Körpern. Die Widerstandsmessung erfolgt zwischen PE-Klemme und allen relevanten Punkten des Schutzleitersystems. Gemessen wird mit mindestens 0,2 A.
Der gemessene Widerstand muss in dem Bereich liegen, der entsprechend der Länge, dem Querschnitt und dem Material der Schutzleiter zu erwarten ist. Grenzwerte werden in den entsprechenden Normen nicht genannt und sind deshalb durch den Prüfer zu ermitteln.

In Abhängigkeit von
- dem **Leiterwiderstandsbelag R' in mΩ/m** (bezogen auf Leiterquerschnitt A)
- der **Leiterlänge l** und
- den zu erwartenden **Übergangswiderständen $R_ü$** (je Klemmstelle max. 0,1 Ω angenommen)

kann der zulässige Grenzwert R_{PE} nach folgender Formel ermittelt werden:
$$R_{PE} = R' \times l + 2 \times R_ü$$

z. B.:
Eine Leitung 3 x 2,5 mm² mit einer bekannten Länge l von ca. 40 m sollte unter Berücksichtigung von Übergangswiderständen $R_ü$ von ca. je 0,1 Ω einen Schutzleiterwiderstand von maximal ca. 0,5 Ω aufweisen:

$$R_{PE} = l \times R' + 2 \times R_ü$$
$$R_{PE} = 40\ m \times 7{,}57\ m\Omega/m + 2 \times 0{,}1\ \Omega$$
$$= 0{,}303\ \Omega + 0{,}200\ \Omega$$
$$\approx 0{,}5\ \Omega$$

Leiternennquerschnitt A [mm²]	Leiterwiderstandsbeläge R' bei 30 °C [mΩ/m]
1,5	12,5755
2,5	7,5661
4	4,7392
6	3,1491
10	1,8811

Die Messung z. B. zwischen der PE-Schiene des Stromkreisverteilers und dem Schutzkontakt der Steckdose erfolgt mit entsprechend langen Prüfleitungen, deren Eigenwiderstand entweder durch entsprechende Ausführung des Prüfgeräts und der Messleitungen in Vierpolausführung automatisch kompensiert oder vor der Prüfung mithilfe des Prüfgeräts jeweils zu 0 Ω kompensiert wird.

Eine zweite Möglichkeit für die Ermittlung des Schutzleiterwiderstands besteht z. B. in einer Widerstandsmessung zwischen Schutzleiter- und Neutralleiterklemme an der Steckdose, wobei vorher am Ende der Leitung (Verteilung) eine niederohmige Verbindung zwischen Schutzleiter und Neutralleiter hergestellt wurde. Der halbierte Messwert muss unter dem rechnerischen Grenzwert liegen.

Isolationswiderstandsmessung
Die Durchführung der Messung muss mit mind. 500 V DC Prüfspannung erfolgen.

Achtung: Der Auftraggeber bzw. Versicherer (z. B. VdS) kann höhere Prüfspannungen fordern.

Die Messung muss erfolgen zwischen
- allen aktiven Leitern und
- allen aktiven Leitern und dem mit der Erdungsanlage verbundenen Schutzleiter.

Wenn es erforderlich ist (z. B. Messbeeinflussung durch Betriebsmittel oder Möglichkeit der Beschädigung), dürfen die aktiven Leiter (L + N) verbunden werden bzw. die erforderliche Messung ist vor dem Anschluss der Verbraucher durchzuführen.

Einzelmessungen der aktiven Leiter gegen PE sind zwar aufwendiger, aber auch aussagekräftiger.

Achtung: In feuergefährdeten Betriebsstätten müssen nach DIN VDE 0100-420 und VdS 2033 zusätzliche Messungen zwischen den aktiven Leitern durchgeführt werden.

Mindestwerte des Isolationswiderstands bei Erstprüfung nach DIN VDE 0100-600

Nennspannung des Stromkreises in V ~	Mess-Gleichspannung in V – Prüfstrom 1 mA	Isolationswiderstand in MΩ	Bemerkung
SELV, PELV	250	≥ 0,50	
bis 500 V u. FELV	500	≥ 1	Bei Vorhandensein von Überspannungsschutz (SPDs) ist ausnahmsweise das Verringern der Prüfspannung auf 250 V möglich. Dabei muss $R_{iso} > 1\ M\Omega$ sein.
über 500 V	1.000	≥ 1	

Achtung: In der Regel sollten die gemessenen Werte weit über den geforderten Mindestwerten liegen (Üblichkeitswerte liegen z. B. bei Neuanlagen > 100,0 MΩ). Ist dies nicht der Fall und stimmen die Werte nicht mit dem zu erwartenden Bereich überein, sind die Gründe dafür zu ermitteln.

Isolationswiderstandsmessung zum Nachweis des Schutzes durch SELV, PELV und Schutztrennung

Die sichere Trennung der Stromkreise muss durch Isolationsmessung nachgewiesen werden. Dabei muss der Widerstand (für die höchste Spannung der Anlage) mindestens den Werten gemäß der o. g. Tabelle nach DIN VDE 0100-600 entsprechen.

Mindestwerte des Isolationswiderstands bei wiederkehrenden Prüfungen nach DIN VDE 0105-100

Messgegenstand		Grenzwert
Isolationswiderstand mit angeschlossenen und eingeschalteten Verbrauchern		> 300 Ω/V
Isolationswiderstand ohne Verbraucher		> 1.000 Ω/V
Isolationswiderstand im Freien oder in Feuchtraumanlagen	mit Verbraucher	> 150 Ω/V
	ohne Verbraucher	> 500 Ω/V
Isolationswiderstand im IT-System		> 50 Ω/V
Isolationswiderstand (Leiter gegen Erde) bei SELV und PELV (Messgleichspannung 250 V)		> 0,25 MΩ

ACHTUNG: Bei Erweiterungen, Änderungen oder auch Wiederholungsprüfungen hat ein Vergleich mit der Erst- oder der vorangegangenen Prüfung zu erfolgen.

Isolationswiderstand von isolierenden Fußböden und Wänden (sofern erforderlich)

Bei Einhaltung der Anforderungen nach Abschnitt C.1 im Anhang der VDE 0100-410 für nichtleitende Räume sind mindestens drei Messungen am gleichen Ort durchzuführen.
Eine Messung muss in 1 m Abstand von allen berührbaren fremden leitfähigen Teilen, die anderen beiden Messungen müssen in größerem Abstand durchgeführt werden.

Die Messungen gelten für jede Oberfläche. Dabei sind folgende Grenzwerte nach DIN VDE 0100-410:2018-10 Abschnitt C.1 zu beachten:

Prüfgegenstand	Grenzwert
in Anlagen mit Netzspannung bis 500 V	> 50 kΩ
in Anlagen mit Netzspannung über 500 V	> 100 kΩ

Prüfung der Spannungspolarität

Vor Inbetriebnahme der Anlage muss die Spannungspolarität, wo gefordert, am Eingang geprüft werden. Sofern Regeln und Vorschriften den Einbau von Schalteinrichtungen im Neutralleiter verbieten, ist durch eine Prüfung nachzuweisen, dass sich die Schalteinrichtungen nur im Außenleiter befinden.

Steuer- und Schutzeinrichtungen sowie Sicherungselemente sind nur im Außenleiter zulässig. Alle Kabel und Leitungen müssen bestimmungsgemäß angeschlossen sein. Es ist nachzuweisen, dass sich alle Sicherungen sowie einpoligen Steuer- und Schutzeinrichtungen ausschließlich im Außenleiter befinden. Bei allen äußeren Kontakten und Schraubkontakten von Lampen mit Bajonett-Fassung und Edison-Schraubfassung in Stromkreisen mit geerdetem Neutralleiter muss eine Verbindung mit dem Neutralleiter bestehen (Ausnahmen lässt die Norm für Lampenfassungen des Typs E14 und E27 nach DIN EN 60238 zu).

Schutz durch automatische Abschaltung der Stromversorgung

Die Wirksamkeit folgender Schutzmaßnahmen ist nachzuweisen:
- Schutz durch automatische Abschaltung der Stromversorgung
- Schutz gegen indirektes Berühren (Fehlerschutz) durch automatische Abschaltung der Stromversorgung

Es muss geprüft werden, ob die Querschnitte der Leiter und die eingesetzten Schutzeinrichtungen so ausgelegt sind, dass bei Auftreten eines Körperschlusses die Abschaltung innerhalb der von DIN VDE 0100-410 festgelegten maximalen Abschaltzeiten erfolgt.

Maximale Abschaltzeiten bei automatischer Abschaltung im Fehlerfall gemäß DIN VDE 0100-410, Tab. 41.1

System-Nennspannung	TN-System		TT-System	
	AC	DC	AC	DC
50 V < U_0 ≤ 120 V	0,8 s	–	0,3 s	–
120 V < U_0 ≤ 230 V	0,4 s	1 s	0,2 s	0,4 s
230 V < U_0 ≤ 400 V	0,2 s	0,4 s	0,07 s	0,2 s
U_0 > 400 V	0,1 s	0,1 s	0,04 s	0,1 s

Maximale Abschaltzeit für Endstromkreise mit Nennstrom nicht größer als 32 A
U_0 = Nennwechsel- bzw. Nenngleichspannung Außenleiter gg. Erde

Messung des Erderwiderstands

Wenn die Messung des Erderwiderstands gefordert ist, kann sie nach verschiedenen Verfahren durchgeführt werden.
Die Norm führt entsprechend beispielhafte Verfahren auf.
Ist die Messung des Erderwiderstands nicht möglich, kann er auch berechnet werden. In diesem Fall muss die Berechnung mit geeigneten Werten erfolgen und dokumentiert werden.
Ist es nicht möglich, Verfahren anzuwenden, die das Setzen von Sonden erforderlich machen, so darf die Bestimmung des Erders auch nach dem Schleifenwiderstandsverfahren oder auch nach Messverfahren mit Stromzangen durchgeführt werden.

Schleifenimpedanzmessung

Die Schleifenimpedanzmessung dient der Bestätigung, dass die Einstellungen und die Kennwerte den zugeordneten Überstromschutzeinrichtungen entsprechen.

Die Überprüfung der Impedanz der Fehlerschleife (Schleifenimpedanzmessung) kann durch Rechnung oder Messung erfolgen.
Bevor eine Messung erfolgt, muss zur Sicherheit eine Schutzleiterprüfung durchgeführt werden.

Bei der Messung der Schleifenimpedanz wird normalerweise durch das Messgerät auch der entsprechende Kurzschlussstrom mit ermittelt, der zum Vergleich mit der Auslösekennlinie der Überstromschutzeinrichtung herangezogen wird.
Im Allgemeinen werden dabei aber weder Messfehler noch Widerstandserhöhung durch Temperatur berücksichtigt.

Beispiel: Ermittlung eines einpoligen Kurzschlussstroms entsprechend DIN VDE 0100-600 Anhang D

$$Z_S(m) \leq \frac{2}{3} \times \frac{U_0}{I_a}$$

- $Z_s(m)$ gemessener (abgelesener) Wert
- Maximaler Messfehler für Messtechnik + 30 % (gem. VDE 413-3) entspr. Faktor = 0,77
- Widerstandserhöhung bei 55 °C entspr. Faktor = 0,877
- 0,77 x 0,877 ~ **0,68 als Korrekturfaktor**

z. B: Schleifenwiderstand (Messwert) = 0,8 Ω

Kurzschlussstrom (Messwert) 230 V / 0,8 Ω ~ 288 A
Kurzschlussstrom (korrigierter Messwert) 288 A x 0,68 ~ 196 A

Der korrigierte Messwert muss mit der Kennlinie der entsprechenden Überstromschutzeinrichtung verglichen werden.

Auf die Messung der Fehlerschleifenimpedanz kann verzichtet werden, wenn
- eine Berechnung der Fehlerschleifenimpedanz bereits vorhanden ist.
- eine Berechnung des Schutzleiterwiderstands vorhanden ist, Länge sowie Querschnitt des Schutzleiters durch Messung des Leiterwiderstands ermittelt und hierdurch nachgewiesen werden können. Die elektrische Durchgängigkeit der Schutzleiter ist in diesem Fall ebenfalls nachzuweisen.
- Fehlerstrom-Schutzeinrichtungen (RCDs) ≤ 500 mA verwendet werden.

Zusätzlicher Schutz
Fehlerstrom-Schutzeinrichtungen (RCDs)

Bei Verwendung von Fehlerstrom-Schutzeinrichtungen (RCDs) sind ihre Kenndaten und Wirksamkeit durch Besichtigen und Messen zu prüfen.

Die Wirksamkeit der Schutzmaßnahme muss mit geeigneter Messtechnik gemäß DIN EN 61557-6 (VDE 0413-6) nachgewiesen werden. Sie gilt als nachgewiesen, wenn die Abschaltung bei Bemessungsfehlerstrom ≤ $I_{\Delta N}$ erfolgt.

Es wird empfohlen, die Einhaltung der Abschaltzeiten gemäß DIN VDE 100-410 und die Wirksamkeit der Auslösefunktion durch Betätigung der Prüftaste nachzuweisen (gilt als Erprobung).

Sofern in der Anlage gebrauchte RCDs wiederverwendet oder bei erweiterten bzw. geänderten Anlagen bereits vorhandene RCDs verwendet werden, muss der Nachweis der Einhaltung der Abschaltzeiten erbracht werden.

Nach erfolgtem Nachweis des Schutzes an einem Punkt hinter einem RCD darf dieser Nachweis für die nachfolgenden Anlagenteile dieses Schutzkreises durch Prüfen der Durchgängigkeit des Schutzleiters erbracht werden.

Prüfung der Phasenfolge
Bei mehrphasigen Stromkreisen (Drehstromsteckdosen) ist die Einhaltung der Phasenfolge zu prüfen (Nachweis des Rechtsdrehfeldes).
Für andere elektrische Betriebsmittel (z. B. Stromkreisverteiler usw.) ist ein Rechtsdrehfeld dagegen nicht vorgeschrieben.
Betreiber können jedoch ein Rechtsdrehfeld zwingend vorschreiben.

Funktionsprüfung/Erproben
Es ist nachzuweisen, dass alle Betriebsmittel nach den Bedingungen und Anforderungen der DIN VDE 0100-Normenreihe errichtet, montiert und eingestellt sind.
Auch Schutzeinrichtungen müssen Funktionsprüfungen unterzogen werden.

Beispiele für Einrichtungen, bei denen Funktionsprüfungen durchzuführen sind:
- Antrieben, Schaltgerätekombinationen, Stelleinrichtungen
- Melde- und Anzeigeeinrichtungen (Meldeleuchten usw.)
- Sicherheitseinrichtungen (Not-Aus, Verriegelungen, Druck- und Temperaturwächter usw.)
- Schutz- und Überwachungseinrichtungen (RCDs, RCMs, IMDs usw.)

Werden RCDs für den Fehlerschutz und den zusätzlichen Schutz vorgesehen, so ist für jede Schutzeinrichtung deren eingebaute Prüfeinrichtung auf Wirksamkeit zu prüfen.
Das Drücken der Prüftaste eines RCDs gilt als Erproben.

Prüfung des Spannungsfalls
Die Prüfung des maximal zulässigen Spannungsfalls wird nur für Neuanlagen gefordert (nicht für wiederkehrende Prüfungen).
Der Spannungsfall darf durch Messung oder Berechnung ermittelt werden. Nachfolgende Messungen sind erforderlich:
- Vergleich des Spannungsunterschieds mit und ohne angeschlossene Nennlast oder
- Vergleich des Spannungsunterschieds mit und ohne Verbraucher und anschließender Hochrechnung auf Nennlast sowie Impedanz des Stromkreises

Bezogen auf die Nennspannung vom Anschlusspunkt des Netzbetreibers (Hausanschlusssicherung) wird der Spannungsfall bis zum Anschlusspunkt des Verbrauchsmittels (Steckdose bzw. Klemmbrett) ermittelt. DIN VDE 0100-520 lässt einen maximalen Spannungsfall von 3 % (bei Beleuchtung) bzw. 5 % (bei anderen elektrischen Verbrauchsmitteln) zu.

Dokumentation/Prüfbericht
Die Norm schreibt die Bewertung und Aufzeichnung der durch Besichtigen, Erproben und Messen ermittelten Ergebnisse vor.
Für Neuanlagen sowie erweiterte oder geänderte Anlagen und bei wiederkehrenden Prüfungen muss entsprechend nach der Prüfung ein Prüfbericht erstellt werden. Dieser Prüfbericht muss Angaben zu dem geprüften Anlagenumfang sowie die erzielten Prüfergebnisse enthalten.